华侨大学问题哲学研究中心系列丛书

名誉主编：贾益民　主编：马雷

LDY 科学哲学丛书

华侨大学人文社会科学研究基地资助

华侨……目资助



Kexue Lilun De Yanbian Yu Kexue Geming

# 科学理论的演变与科学革命

林定夷/著

中山大學出版社
SUN YAT-SEN UNIVERSITY PRESS
·广州·

**图书在版编目（CIP）数据**

科学理论的演变与科学革命/林定夷著．—广州：中山大学出版社，2016.10

（LDY 科学哲学丛书）

ISBN 978－7－306－05687－0

Ⅰ．①科…　Ⅱ．①林…　Ⅲ．①科学哲学　Ⅳ．①N02

中国版本图书馆 CIP 数据核字（2016）第 092943 号

---

出 版 人：徐　劲
策划编辑：周建华
责任编辑：翁慧怡
封面设计：林绵华
责任校对：王　睿
责任技编：何雅涛
出版发行：中山大学出版社
电　　话：编辑部 020－84111996，84113349，84111997，84110779
　　　　　发行部 020－84111998，84111981，84111160
地　　址：广州市新港西路 135 号
邮　　编：510275　　　　　传　真：020－84036565
网　　址：http://www.zsup.com.cn　　E-mail:zdcbs@mail.sysu.edu.cn
印 刷 者：虎彩印艺股份有限公司
规　　格：787mm×1092mm　1/16　12.5 印张　222 千字
版次印次：2016 年 10 月第 1 版　2017 年 11 月第 2 次印刷
定　　价：39.00 元

---

**如发现本书因印装质量影响阅读，请与出版社发行部联系调换**

希望本丛书对培养学生，特别是理科博士生们的科学创造能力会有所助益。

林定夷

# 作者简介

林定夷，男，1936年出生于杭州，中山大学退休教授，曾兼任国家教育部人文社会科学重点研究基地评审专家，教育部科学哲学重点研究基地（山西大学科学技术哲学研究中心）首届学术委员会委员，中国自然辩证法研究会科学方法论专业委员会理事，华南师范大学客座教授，《自然辩证法研究》通讯编委，《科学技术与辩证法》编委，目前仍兼任国家自然辩证法名词审定委员会委员，中国自然辩证法研究会科学方法论专业委员会顾问，华侨大学问题哲学研究中心学术委员会主席。此前曾出版学术专著《科学研究方法概论》《科学的进步与科学目标》《近代科学中机械论自然观的兴衰》《科学逻辑与科学方法论》《问题与科学研究——问题学之探究》《科学哲学——以问题为导向的科学方法论导论》，编撰大学教程《系统工程概论》，主编《科学·社会·成才》，在国内外发表学术论文100余篇。其学术研究成果曾获得首届全国高校人文社会科学研究优秀成果奖二等奖、全国自然辩证法优秀著作奖二等奖、中南地区大学出版社学术类著作奖一等奖（2007年）、全国大学出版社首届学术类著作奖一等奖、广东省哲学社会科学研究优秀成果奖一等奖、首届广东省高校哲学社会科学研究优秀成果奖二等奖、中山大学老教师学术著作奖等多种奖励。

## 名誉主编简介

贾益民，1956 年 10 月生，山东惠民县人，汉族，暨南大学中文系毕业，获文学学士、硕士学位及泰国吞武里大学荣誉博士学位，现任华侨大学校长、教授、博士生导师，兼任华侨大学董事会副董事长兼秘书长、华文教育研究院院长、海上丝绸之路研究院院长、海外华文教育与中华文化传播协同创新中心主任、侨务公共外交研究所所长；系享受国务院特殊津贴专家，荣获泰王国国王颁授“一等泰皇冠勋章”。

## 主编简介

马雷，1965 年生，哲学博士，现任华侨大学特聘教授，华侨大学问题哲学研究中心主任，华侨大学哲学与社会发展学院科技哲学学科带头人，博士生导师。国家社会科学基金项目评审专家；国家博士后基金项目评审专家，教育部学位评估中心评审专家。曾任东南大学人文学院教授，东南大学人文学院学术委员会委员。2009 - 2010 年赴美国密歇根大学哲学系访学，合作导师为美国哲学学会会长、美国科学哲学联合会主席劳伦斯·斯克拉教授。

主要领域是科学哲学、逻辑学、问题学等，突出学术贡献是创建协调论科学哲学、构建系统化的联合演算理论。代表作：《进步、合理性与真理》（人民出版社 2003 年）；《冲突与协调——科学合理性新论》（商务印书馆 2006，2008 年）；《论联合演算》（科学出版社 2013 年）。在 A&HCI、CSSCI 等国内外核心期刊发表论文 50 余篇。主持完成国家社科基金项目 2 项，教育部项目 1 项。代表作曾获国家教育部高等学校科学优秀成果奖和江苏省第十届、第十三届哲学社会科学优秀成果奖。

# 系列丛书总序

贾益民

随着中国综合国力的增强，哲学在中国的发展日益兴隆。在哲学的大家庭中，华侨大学的哲学学科也显示出强劲的发展势头。近年来，华大在哲学学科建设方面取得显著成效：现有哲学本科专业，哲学一级学科硕士点、马克思主义哲学博士点、哲学一级学科博士后流动站；哲学一级学科被列为国务院侨办重点学科、福建省特色重点学科；另有福建省社会科学研究基地“华侨大学生活哲学研究中心”和福建省高校人文社会科学研究基地“海外华人宗教与闽台宗教研究中心”。华大还刚刚成立了“问题哲学研究中心”和“国际儒学研究院”。这些学科点和研究基地的建立一方面反映了华大哲学团队的学术积淀，另一方面也为华大哲学未来的发展提供了强有力的基础平台。

问题哲学研究中心的成立是华大发展哲学的重要举措之一，该中心将秉承华大哲学追求高端化、精致化和国际化的传统，汇聚国内外问题哲学学者，形成问题哲学的学术共同体，交流和研讨问题哲学的前沿课题，推出问题哲学的高端成果，开拓问题哲学的新的综合性的学科方向。目前，问题哲学中最吸引人的、最具有创新基础的部分是作为科学哲学分支学科的问题学和作为逻辑学分支学科的问题逻辑、问句逻辑。希望问题哲学研究中心推出的系列丛书不仅能够展现以往相关领域的学术精华和学术进路，也能够奉献问题哲学的最新独创成果。

我们相信问题哲学研究中心推出的系列丛书会给不同层面的读者带来精神的愉悦和享受。对于一般读者，丛书透过问题哲学的窗口向他们普及科学哲学、问题学、科学逻辑和问题逻辑的基础知识，了解科学和哲学是如何通过问题联接起来的，了解问题在思维科学中的独特地位和影响，从而在日常生活中学会恰当地提出问题、分析问题和解决问题。对于研究型读者，丛书中的研究成果将有助于他们在具体的科学探索活动和哲学思维中合理地并创造性地提问和解答，少走弯路。就学科建设而言，系列丛书的问世将有力地催生一门新的学科分支——问题哲学，推动学术界对这个学科方向的关注和兴趣，并以此为出发点、参照系和交流基础，促进问题哲学的全面、深入发展。

系列丛书的最大特点是创新。学术创新是令人神往的，因为新思想、新知识的产生是一种勇敢的飞跃，一种“会当凌绝顶，一览众山小”的境界，意味着鲜花和掌声；但学术创新也是充满风险的事业，因为探索道路上的荆棘可能划伤我们的身体，新思想、新知识本身也要经过风霜严寒的敲打和考验，这意味着奉献和牺牲。不能说这些丛书尽善尽美，在编辑和写作过程中，不妥甚至错误之处在所难免，特别是，当人们从不同的立场和视角，运用不同的方法去审视丛书中的思想内容的时候，可能会得出不同的结论。可能有称赞者，也可能有否弃者，但我们更鼓励那些从丛书中汲取营养并推进哲学探索进程的人。我们需要正衣冠的镜子，我们希望不同层面的读者能够喜欢这些丛书，能够通过审慎的阅读或研讨提出中肯的批评意见，以便我们在以后的修订中不断提高和完善。

是为序。

2016 年 10 月 8 日

于华侨大学水晶湖郡

# “LDY科学哲学丛书”总序
# 独立思考和严谨创新是哲学的生命

马　雷

我曾在科学网发表过一篇博客文章，根据锅、碗、瓢、盆、碟、勺、筷这些居家生活用品的特点对学者类型做了一个大致的描述：

锅：各种材料在锅里汇聚、反应，形成可口的菜肴。锅型学者有很强的创造性，能够从已有的知识和观察材料中发现新的知识。这类学者出成果较慢，冷板凳一坐就是十年、二十年，但成果一旦出来，就产生很大影响。

碗：主要用来盛饭，从锅里摄取现成的一部分，供主人享用。碗型学者几乎没有创造性可言，但吸取知识和传授知识的能力很强。这类学者反应快、口才好，能在很短的时间里获得前沿知识并传授给学生。

瓢：平时漂在水缸的水面上，必要时把水缸里的水舀到指定位置。瓢型学者没有创造性，不是科研人才，只是教学人才。这类学者是书虫，整天泡在书堆里，他们反应速度极快，领悟力极好，口才也好，能够及时完成交给的教学任务。

盆：主要用来盛物、洗菜。就创造性而言，盆型学者远不如锅型学者，但比碗型学者和瓢型学者要强些。其创造性主要表现在混合、调配和梳理知识，为锅型学者的创造做好前期准备。

碟：主要用来盛菜，面上很大、很好看，但比较浅；在餐桌上，碟是最吸引食客眼球的。碟型学者具有及时发现新知识的能力，能及时分享新知识并展示出来，他们是传播新知识的先锋，是很受欢迎的人才群体。但这类学者比较浮夸和浅薄。

勺：勺从碗里获得食物，再一点点分配给主人；勺喜欢单干，两个勺子不能同时使用。勺型学者虽然不擅长接触第一手资料，消化资料却不含糊，总是一口一口来，有耐心，不怕麻烦。他们喜欢单打独斗，不愿意与人合作，两个人合在一起，反而办不成事情。

筷：总是成双成对，一只筷子能力有限，一双筷子运用自如。除了这个特点，筷与勺差不多。从好的方面看，筷型学者具有很强的合作意识和团队精神；从坏的方面看，筷型学者缺乏独立性，依赖性太强。在消化资料方面，筷型学者与勺型学者具有同样的耐力。

在一个学者群落中，每一种类型的学者都是不可或缺的，他们在各自的位置上具有不同的功能，起着不同的作用。但是，我还是想说，在这些类型的学者中，最不容易做到的、最令人敬佩的是锅型学者，他们集中体现了一个学者最难能可贵的精神品质，那就是独立思考和严谨创新。

在中国科学哲学界，有这样一位长者，他几十年如一日，以敏锐的眼光追踪科学哲学发展的前沿，以独到的视角把握科学哲学发展的主线，以深厚的学养剖析科学哲学的各色理论，以独立、大胆和严谨的学术精神提出新的问题和理论。他是一个孤独的探索者，一个思想的老顽童，一个倔强的坚守者，一个理论观点尚待深入研究的科学哲学家。他是谁？他就是华侨大学问题哲学研究中心学术委员会主席，中山大学资深教授，我们十分敬重的林定夷先生。我们把林先生说成“锅型学者”，主要是为了突出林先生的独立思考和独创精神、开拓精神，其他类型学者的很多优点在林先生身上也是有体现的。

为了促进问题哲学的创建和发展，华侨大学问题哲学研究中心系列丛书编委会决定推出系列问题哲学丛书，“LDY 科学哲学丛书”被列为系列丛书之首，先行推荐给广大读者。本丛书叫“LDY 科学哲学丛书”，是因为它全部由林先生独著，基本反映林先生几十年科学哲学思想和理论的精华。

科学哲学是研究科学理论的静态结构、动态发展和评价指标的一门学问，科学问题和科学理论是科学哲学的重要研究对象。传统科学哲学注重科学理论的研究，忽视科学问题的研究，但是，由于科学问题与科学理论密切相关，很多科学家和哲学家都强调科学问题的重要性，一些科学哲学家甚至对问题在科学发现、科学发展和科学评价中的作用给出专门的研究，但对科学问题的实质、结构、关系等缺乏全面、深入和系统的探讨。

美国科学哲学家尼克尔斯（T. Nickles）在 1978 年主编的《科学发现：逻辑与理性》一书中呼吁，应当将“面向理论”的科学哲学转向“面向问题”的科学哲学。目前以科学理论为基本导向的科学哲学也是我们研究科学问题的基础，固然传统科学哲学的基本导向是“面向理论”的，但毕竟，很多科学哲学家在具体的论述中都不可避免地提及“问题”，而这些关于问题的思想就是我们进一步深入研究问题的基础。我们需要在这个基础上形成“问题学”这样的新的分支学科。问题学是我们理解的“问题哲学”的一部分。“问题学”（problemology）的提法是在第八届国际逻辑、科学方法论和科学哲学大会（莫斯科，1987 年）上出现的，有一些学者建议建立这门新学科。而在此之前，林定夷先生就已经意识到建立问题学的重要性，并独立展开研究。经过几十年的潜心研究，林先生已经成为目前国内公认的“问题学”奠基者。实际上，林先生的研究范围和学术贡献并不局限于科学哲学意义上的问题学，林先生在问题学与系统科学方法论的关系方面也有独到的研究，并取得丰硕成果（本套丛书不包括这部分内容，但我们将择机推出），这使得林先生的问题学研究上升到问题哲学的高度。林先生也因此被学术界尊称为“林问题”。

“问题哲学”（philosophy of problem）的提法目前在国际上还没有，但 20 世纪 80 年代以来，一些学者已经在不同时期的很多场合特别提及或实际研究这样的元哲学——问题哲学。就科学哲学而言，问题学就是研究科学问题的结构关系，科学问题之间的关系，科学问题的形成、演变规律，科学问题的评价等的学问。就逻辑学而言，问题逻辑（又称问句逻辑）试图运用符号化方法研究在问题和答案范围内所产生的各种逻辑问题，研究问题的抽象结构，问题之间以及问题与答案之间的联接关系和推演关系等。但是，问题哲学仍然处于零散的探索之中，没有形成真正的学科体系。今天，我们尝试通过“问题哲学”的提法，把一切与问题相关的哲学研究纳入一个新的更大的学科之中，希望进一步推进问题哲学的发展。

总体上看，对问题哲学的研究已经在不同方向上取得很多进展，形成一个潜在的问题哲学研究共同体。当然，这个共同体还比较松散，并未形成组织体系，也无共同的交流平台，其基础概念和思想体系比较零散。为了弥补这个缺陷，华侨大学于 2016 年 8 月成立“问题哲学研究中心”，希望汇聚国内外问题哲学研究者，为创建和发展问题哲学共同努力。问题学和问题逻辑虽然分属科学哲学和逻辑学这两个学科，但我们希望把它们纳入问题哲学中，以便集中考察和研讨与问题相关的一切哲学问题，进而使我们能从“观著察微，入微探著，揭示裂隙，发现断层”的角度去发现新的问题，探究并构建能把许多领域相贯通的问题哲学理论。我们希望，在问题哲学所展示的观念下，把中国哲学、西方哲学、马克思主义哲学、科学哲学、工程技术哲学、逻辑学、符号学、心理学、人工智能、统计学、教育学等学科统一在同一个思维平台之上，从而探寻其内在联系，从一个新的角度推进学术的进展和知识的增长。

“LDY 科学哲学丛书”反映了 20 世纪以来科学哲学发展的五个主干问题及其解答，这些问题及其解答主要涉及逻辑和认识论问题，是科学工作者在科研工作中必然涉及的而且常常为其所困惑的问题。林定夷先生出身于理工科，又有深厚的哲学功底，这使得他对科学和哲学问题的理解既具体又深刻。他既善于从具体科学的原理和理论中提炼哲学的一般原理，也善于运用哲学的抽象揭示科学中不易为常人注意到的问题，在他的论述中，我们既能够享受哲学抽象的震撼力，也能够感受具体科学的魅力。特别是，林先生的思想具有极强的前瞻性，他提出的某些在当时人们看来难以接受的观点，随着时间的推移却出人意料地被接受了。我们阅读或研讨林先生的作品应当注意到其纯粹的学理性，注意到他的怀疑精神和求真精神。这套丛书不仅研讨了围绕五大主干问题的国内外相关背景知识，更重要的是，它向读者展示了作者在这些领域的开拓性和创造性研究成果。

本丛书的主要读者对象是科学家和正跟随导师从事研究的理科博士生，因为科研工作者在科学研究中所遇到的最深刻、最令人困惑的问题，常常不一定是科学问题本身，而往往是蕴藏在其背后深而不露的哲学问题。科学研究中的哲学素养关乎科研工作的科研境界最终能够达到何种高度，像牛顿和爱因斯坦这样的科学大师同时也是哲学大师，最基本、最核心、最具突破性的科学概念其实是哲学思考的结果。如果科研工作者仅仅满足于学习和应用既有的科学知识，而不了解科学知识是如何生成、如何发展的，那么他们就不可能成长为创造性的科学大师。我们特别希望本丛书对科研工作者提高科学创造能力会有所助益。当然，本丛书的读者对象是开放性的，任何对科学哲学感兴趣的读者都可以从中汲取营养，得到启发。

本丛书包括五个分册：

(1)《科学·非科学·伪科学：划界问题》。

(2)《论科学中观察与理论的关系 》。

(3)《问题学之探究》。

(4)《科学理论的演变与科学革命》。

(5)《关于实在论的困惑与思考：何谓"真理"》。

这五个分册各自独立，自成体系，但又有很强的关联性。就问题本身而言，科学、形而上学、非科学和伪科学都有不同的提出方式、分析方式和解答方式，有时候，人们确实很难在实际思维和具体理论中把它们严格区分开来。第一分册《科学·非科学·伪科学：划界问题》帮助我们恰当地理解这些区别，增强科学研究的效率。在本分册中，林先生着重讨论科学与非科学（尤其是形而上学）的划界问题。形而上学虽然不是科学，但它常常隐藏或出现在科学理论的体系之中，甚至被误认为是科学理论体系的一部分。鉴于此，产生于20世纪30—50年代的逻辑实证主义提出重大使命：要把形而上学从科学中驱逐出去。逻辑实证主义者提出意义问题并试图通过意义标准划分科学和形而上学，但要区分科学与形而上学实非易事。在本分册中，林先生分别研讨了逻辑实证主义和证伪主义的划界理论，在此基础上提出自己的划界观。划界问题是否是真问题？科学与非科学和伪科学的区别是什么？科学与形而上学的根本区别在哪里？林先生有理有据的分析给我们提供了一个重要的视角和一套严格的标准。只有弄清哲学问题，才不至于在科学研究中把非科学，甚至是伪科学的东西当成科学，造成智力资源和物质资源的极大浪费。

科学理论是从实验观察的基础上归纳出来的吗？第二分册《论科学中观察与理论的关系》回答了这样一个根本性问题。在本分册中，林先生通过深入分析，对这个问题给出否定的回答。林先生认为，从事实到理论没有逻辑的通道。理论的核心是模型，是思维的创造物，用以覆盖经验并接受经验的检验。实际上，科学中的任何理论都是不可能单独接受经验的检验的；为了检验某一理论，必须首先引进或肯定另外一些假说或理论。实验观察并不提供所谓"客观事实"。林先生通过深入的概念分析剖析了科学理论的检验结构与检验逻辑。他得出令人信服的结论：实验观察既不能证实也不能证伪任何理论，它只有利于我们评价科学理论的优劣。理论的优劣要依据理论的可证伪性、似真性和逻辑简单性这三性标准来评价。实验观察只有利于评价科学理论的似真性，但似真性的评价不仅仅取决于实验观察。依据林先生所构建的科学三要素目标模型，科学并不追求与自然界本体相一致的“真理”这种虚幻的目标，而是追求愈来愈协调、一致和融贯地解释和预言广泛的经验事实，从而能愈来愈有效地指导实践。林先生提出的科学进步的三要素目标模型和相应的科学理论的评价模型在学术界可谓独树一帜，令人深思。

第三分册《问题学之探究》是作者试图创建科学哲学的分支学科——问题学的理论体系的大胆而谨慎的尝试。近几十年来，问题学的研究逐渐引起国内外很多学者的关注和实际参与，但重点各异、视角各异、分析各异，很少有系统化的成果。林先生在这个领域的工作不仅是率先的，还是系统化的。从《问题学之探究》这本书中，我们可以看出，林先生的问题学思考涉及的问题正是科学哲学家需要从问题视角探讨的最核心、最重大的问题。什么是问题？什么是科学问题？科学中的问题是如何产生的？问题如何促进科学发现和科学进步？问题的类型、结构与问题求解具有什么样的关系？如何选择和评价问题？科学中的问题是如何分解和转移的？诸如此类的问题，通过林先生的鞭辟入里的分析，展开为一幅生动有趣的问题学解答。本书中提出的基本问题、基本概念、基本命题，大都是林先生独立、严谨、创造性的思考的结果。林先生的论证既有理论深度和广度，同时又切近科学思维和科学发展的实际。从理论上看，林先生的这本问题学专著对于问题学研究是奠基性的，我们研究问题学、发展问题学，林先生的这本专著是绕不开的。而且，作为科学哲学分支学科的问题学，对于科学逻辑、科学方法论、科学管理学、科学社会学、科学心理学等学科的发展具有很大的启发价值。从实际应用来看，这本专著所提出的问题学一般原理将有助于科学研究者学会提出问题、分析问题和解答问题，减少重复劳动，提高思维效率，多出创新成果。

第四分册《科学理论的演变与科学革命》重在研讨科学理论的演变与科学革命的机制，它对于我们进一步理解理论建构和科学进步具有重大意义。在本分册中，林先生探讨了库恩的规范变革理论，特别是从逻辑和认识论的视角重点探讨了科学理论演变的两种方式：还原与整合。林先生在亨普尔和奈格尔等人的工作基础上进一步刻画了科学理论的还原结构与还原逻辑，帮助科研工作者在实际科研中学会把一个理论术语通过另一个人们更熟悉的理论术语来定义，或者把一个理论规律从另一个人们更相信的理论规律中导出。本书充分肯定理论还原的可能性和对于理解科学问题和统一科学理论的重要性，但也指出某些还原理想的巨大困难。例如，针对当前科学界关注的焦点，本书特别讨论了把生物学还原为物理－化学所面临的困难。同样，林先生也强调整合方法的可能性和重要性，该方法是把各个学科中的问题纳入一个更广阔的理论视野中考察，从而得到一致的、系统的理解和解答。通过这样的探讨和论证，林先生有力反驳了库恩的理论不可通约性观点。与第三分册中提出的“三要素目标模型”相呼应，林先生在本书中提出科学理论的“三性评价模型”，对该模型涉及的具体概念作出深入的逻辑刻画、历史解释和理论说明。本书中的内容将有助于科研工作者在更加宏大、开阔的视野中从事科学理论的构建、创造和拓展工作。

在大多数人看来，科学问题和科学理论的终极指向是真理。但是，什么是真理？关于真理的理论不可谓不多，甚至某种真理理论能够一度占据优势地位，例如符合论真理观就认为科学只追求与世界本体（或客观本质）相一致的“真理”。但是，林先生有自己的看法。在本丛书的最后一册《关于实在论的困惑与思考：何谓“真理”》中，林先生通过深层的逻辑和认识论分析，揭示了“实在论”背后的四个不可解决的难题：人类的感知与世界的关系问题；语言与感知的关系问题；归纳问题；理论的多元化问题。通过严谨的分析，林先生指出，实在论论题实际上只不过是一个形而上学论题，因而无论对它做出肯定或否定的回答，都不可能做出合理论证。林先生提出了自己的工具主义科学观，它是某种非实在论，但不是反实在论的，其核心观点是：科学理论只是解释现象的工具；在相互竞争的诸多理论中，愈是具有高度可证伪性、高度似真性和逻辑简单性的理论就是愈优的理论。林先生的工具主义科学观既不是实在论的，也不是反实在论的，而是处在实在论和反实在论之间的一种理性主义科学观。它肯定科学能够帮助我们观察世界、理解世界，帮助我们构建理论去解释和预言经验现象，但并不认为某种科学理论是不可更改的“真理”。只要科学理论更符合科学标准，其概念的变更和创造都是自由的，这在某种程度上讲，是从科学哲学的角度鼓励科研工作者不要墨守成规，而应该大胆地同时也十分谨慎地从事创造性工作，将严谨的科学理性和非理性的诗性思维结合起来，突破旧理论的局限，构造新的更优的科学理论。

不难看出，本丛书的五个分册基本是按照“科学与非科学—观察与目标—问题与求解—方法与标准—实在论与反实在论”这样的逻辑路线展开的，每个分册自成体系，但连接起来又构成一个更大的体系。这是一个科学哲学的“理论别墅”，不仅外观精致、朴实、优美，而且走进去，你会发现一个个不同的精神花园，哲学土壤肥沃，逻辑枝干舒展，科学之花盛开。任何一个被其中某个分册所吸引的读者都不太可能对其它分册置若罔闻，他们会穿过那一道门，走进四通八达的内室，在尽情地观赏和享受中充分地利用这份天赐的美好礼物。

是为序。

2016 年 10 月 16 日

于华侨大学滨水一里

# 序　　言

我在拙著《科学哲学——以问题为导向的科学方法论导论》一书中，曾经较系统地阐述了我对科学哲学几十年研究思考的一些成果，于2009年出版并于2010年重印。从此书出版后的五六年间的情况来看，读者们对此书的反映良好，在某种程度上，甚至有些出乎我的意料。当年，当出版社与我商量出版此书的时候，我明白地向他们坦陈：出版我的这本书肯定是要亏本的，它不可能畅销；我的愿望只是，这本书出版后，第一年有10个人看，10年后有100个人看，100年后还有人看。但出版社的总编辑周建华先生却以出版人的特有的眼光来支持我的这本书的出版，他主动为我向学校申请了中山大学学术著作出版基金，并于2009年让它及时问世。从出版后的情况来看，情况确实有些超乎我的想象。这本书的篇幅长达72.5万字，厚得像一块砖头，而且读它肯定不可能像读小说那样地轻松愉快。设身处地地想，要"啃"完它，那确实是需要耐心、恒心的。但事后看来，第一年过去，肯定有10个以上的人看完了它（我这里说的不是销量，销量肯定是这个数的数十倍乃至上百倍，但我关心的是读者有耐心确实看完了它，因为这才是我和读者的心灵交流），因为在网上读者阅后对它发表了评论的就不下10人。现在5年过去，读完此书的人也肯定不止10人，也不止100人，因为已经看到至少有百人左右在网上发表了他们阅读后或简或繁的评论。更重要的是，读者与我之间发生了某种共鸣，甚至给了我某种特殊的好评。就在亚马逊网上，我看到至少有7个评论，其中有一位先生做出了如下评论，兹录如下：

评论者　caoyubo

该书为中国本土科学哲学家最有学术功力著作之一，几乎在每一个科学哲学的主题方面作者都能做到去粗取精，去伪存真，发自己创见之言，特别在构建理论、科学问题、科学三要素目标、科学革命机制等章节都有超越波普尔、库恩等大师的学术见解。作者通过分析介绍前人观点，分析得失，提出问题，给出自己解决结果，展现科学哲学的背景知识和自己贡献，分析深透，论证有力，结论信服。该（书）应该成为我国基础研究人员和对科学方法论关心的人员的必读著作。本书是笔者见到的本土最有力度的科学哲学著作，乃作者一生心血之结晶。

（注：其中括号内的“书”字可能是评论者遗漏，我给补充上去的——林注）

还有一些年轻的朋友发表了如下评论和感慨：

评论者　yeskkk

可惜我不敢攻读哲学类的专业，不然我肯定会报读中大的哲学，日后就研究科学哲学！我并非完全赞成作者的观点，但我是被说服了。我只感到很难反驳，我只能拥护他的观点。要说使得我不得不每页花上两分钟来看的书（不是说很难看，而是佩服得不敢快点看），目前就只有《给教师的建议》和这本书了。

评论者　yaogang

通读完这本书，感觉很有价值，本是抱着试试看的态度买这本书的，殊不知咱国内也有写出这样著作的学者，不容易!!!!

更令人欣慰的是，复旦大学哲学学院科学哲学系（筹）系主任张志林教授亲口告诉笔者，他们指定我的这本书是该系科学哲学博士生唯一的一本中文必读参考书。

但通过与读者交流和我自己的反思，我深感我的那本书还没有完全实现我的初衷，也并未能真正满足读者的需要。我写的那本《科学哲学——以问题为导向的科学方法论导论》，其本意是要面向科技工作者、理工科的研究生（博、硕）、大学生，尤其是那些正从事研究的科学家们的。在那里我写道：“在我看来，科学哲学的著作，应当具有大众性。它的读者对象绝不应该只局限于科学哲学的专业小圈子里，它更应该与科学家以及未来的科学家的后备队，包括大学生、研究生进行交流。让他们一起来思考和讨论这些问题，以便从中相互学习，相得益彰。”但这本书写得这么厚，就十分不便于实际工作中的科学家和学生花费那么大的精力和那么多的时间去啃读它，所以有的实际科研工作者诚恳地向我建议，应当把它打散成为一些分专题的小册子，让实际的科研工作者和学生有选择地看自己想要看的那个专题。

此外，那本书主要是以学术著作的形式来写作和出版的，因此主要就限制在从正面来阐述和论证我的学术见解，对于本应予以批判的某种影响广泛的庸俗哲学以及在国内甚至在科学界存在的混淆科学与非科学甚至伪科学的情况，虽然我如骨鲠喉，不吐不快，但是为了让此书在我国当时的条件下能顺利出版，我还是强使自己“咽住不吐”，即使有所漏嘴，也没能“畅所欲言”。现在，我想在这套丛书中，来补正这两个缺陷。我把这套丛书定位在中高级科普的层次上，主要对象就是科技工作者和正在跟随导师从事研究的理工农医科博、硕研究生以及有兴趣于科学哲学的广大知识分子。

一般说来，所谓“高级科普”，其本来的含义是指“科学家的科普”，即专业科学家向非同行科学家介绍本专业领域最新进展的“科普”，是以（非同行）科学家为对象的“科普”，而这样的“科普”同时具有很强的学术性，是熔“学术性”与“科普性”于一炉的“科普”。而“中级科普”则是介于高级科普与完全大众化的所谓“低级科普”之间的科普。当然，我们这样来定位“高级科普”，是以某些成熟的自然科学为参照来说的。其实，所谓的“学术性”与“科普性”，在不同的学术领域是不同的。特别是就某些哲学和社会科学领域而言，它们的“学术论文”往往并不像某些成熟的自然科学领域的研究论文那样，仅仅是提供给少数的同行专家们看的，并且也只有少数同行专家才能看得懂。相反，在这些哲学、社会科学领域里所产生的研究论文，尽管都是合乎标准的“学术论文”，但它们本身却同时具有“大众性”。这些论文往往是提供给大众看的，至少对于知识分子“大众”而言，他们往往是能够大体读懂它们的。因此，这些学术性的研究论文，它们本身已具有一定的科普性。在那里，中、高级科普与学术论文就“大众性”方面而言，其界限往往是模糊的。此外，我们还得说清楚，我们在这里把这套丛书定位在“中高级科普”的层次上，也只能说是一种借喻，在某种意义上，它是“词不达意”的。其关键就在于“科普”这个词上。“科普”者，乃是指“科学普及”，但我们这套丛书乃是科学哲学的普及读物。而哲学，包括科学哲学，并不是可以笼统地叫作“科学”的。相反，除了认识论等等局部领域以外，就哲学的总体而言，其主体是不能称之为“科学”的。关于这一点，大家阅读了本丛书的第一分册《科学·非科学·伪科学：划界问题》以后，就会知道了。所以，本丛书原则上是一套中高级的科学哲学普及读物，而哲学，包括科学哲学，就目前的发展水平而言，除了某些领域（如逻辑学、分析哲学、语言哲学和部分意义上的科学哲学等）以外，其学术性与中高级科普的界限实际上还是难以区分清楚的。

在本丛书中，作者除了想克服前述的两个缺陷以外，更想在已有研究的基础上，对科学哲学中诸多问题的思考，做出进一步的深化和拓展。所以在本丛书中，作者在已发表的成果的基础上，对不少问题的研究做出进一步的展开，此外，还对一些重要问题做了深化的表述。

作为科学哲学丛书，我们想在这里首先向读者简要介绍何谓“科学哲学”。“科学哲学”这一词组，它所对应的是英语中 philosophy of science 这个词组，它的主体部分是科学方法论。英语中有另一个词组是 scientific philosophy，业界约定把这个词组翻译为“科学的哲学”，这个词组的意思是，有一种哲学，它是具有“科学性”的，因而它本身可以看作一门“科学”。实际上，像这样的所谓的“scientific philosophy”是不存在的。虽然有的哲学常常自夸它是一种具有科学性的“哲学”，或者自命自己是一门“科学”，甚至是“科学的最高总结”。而关于 philosophy of science，从业界的习惯而言，对它（即“科学哲学”）可以有广义和狭义的理解。从狭义而言，科学哲学就是“科学方法论”。而“科学方法论”也并不研究科学中所使用的一切方法。科学中所使用的方法（the methods used in science）原则上可以分为两类：一是由科学理论所提供的方法，二是由元科学理论所提供的方法。

从原则上说，任何一门科学理论都具有方法上的意义，都能向我们提供一定领域中的科学研究的方法。因为任何一门科学（自然科学和社会科学）都研究并向我们提供了一定领域中的自然和社会发展的规律，而从一定意义上说，所谓方法，就是规律的运用；方法是和规律相并行的东西，遵循规律就成了方法。所以，从这个意义上说，尽管为了实现一定的目的，方法可以是多样的，但方法又不是任意的。我们演算一道数学题，尽管可以运用许多种方法，但是它们实际上都要遵循数学的规律，都是数学规律的运用。在生物学研究中，我们运用分类方法，这种分类方法的实质是对自然界中生物物种关系的规律性知识的运用；人们首先获得了这种规律的认识，然后再自觉地运用这种规律去认识自然，就成了方法。同样，光谱分析法是近代化学分析中的一个极其重要的方法。但这种方法的基础就是对各种元素的原子光谱谱线的规律性的认识，把这种规律性认识运用于进一步的研究，就成了光谱分析法。由此可见，科学研究中所运用的方法，有一部分是由（自然）科学理论本身所提供的，是存在于（自然）科学本身之中的。一般而言，对自然界任何规律（一般规律和特殊规律）的认识，都可使之转化为对自然界的研究方法（对社会规律的认识也一样）。我们所认识的规律愈普遍，其所对应的方法所适用的范围也愈宽广；反之，由特殊规律转化而来的方法也只适用于特殊的领域。

但是，自然规律是自然科学的研究对象，这种由自然规律转化而来的方法（如生物分类法、光谱分析法）是各门自然科学的内容，也就根本用不着建立另外的什么学科来涉足这些方法了。原则上，这种由自然规律转化而来的方法可以归入 scientific methods 一类，虽然它也是一种 the methods used in science。所以，科学方法论作为一门研究专门领域的独立的学科，并不研究科学中所运用的这样一类方法，即由各门科学理论本身所提供的那种方法。

那么，科学方法论究竟研究一些什么样类型的“科学方法”呢?

问题在于：在科学中，除了必须运用由各门自然科学理论本身所提供的方法以外，在各门科学的研究中，还不得不运用另一类方法，即通过研究元科学概念和元科学问题所提供的方法。科学方法论所研究的正是这一类方法，所以，科学方法论是一门独特的学科，它有自己的独特的研究领域；它是一门以元科学概念和元科学问题为研究对象的特殊学科。因为它以元科学概念和元科学问题为对象，所以归根结底它也是一门以科学为对象的学科。从这个意义上，科学方法论也可以被归结为一门元科学。所以，从这个意义上，科学哲学不是一门科学。科学以世界为对象，科学哲学则以科学为对象，两者的研究方法也不同。科学运用科学方法论，科学哲学则以研究科学方法论为内容。

那么，简要地说来，什么是“科学方法论”呢?

科学方法论是一门以科学中的元科学概念和元科学问题为对象，研究其中的认识论和逻辑问题的哲学学科。

那么，又何谓“元科学概念”和“元科学问题”呢?

在自然科学中（社会科学也一样），常常不得不涉及两类不同性质的概念和问题。其中有一类是各门自然科学本身所研究的概念和问题，如力学中的力、质量、速度、加速度等，或者，即使它们本身不是本门学科所研究的概念和问题，而是从旁的科学学科中引申和借用来的，如生物学中也要用到许多有机化学的概念，甚至也要用到“熵”这个物理学（具体说是热力学）中的概念。但不管如何，它们都属于自然科学本身所研究的概念和问题。但是，不管在哪一门自然科学的研究中，都不得不涉及另外一类性质上不同的概念和问题。这类概念和问题，是各门自然科学的研究都要以关于它们的某种预设作为基础，但又不是各门自然科学自身所研究的那些概念和问题。举例来说，在科学中，固然要使用诸如力、质量、速度、加速度、电子、化学键、遗传基因等科学概念，以及诸如万有引力定律、孟德尔遗传定律、中微子假说、β 衰变理论等科学定律和理论，这些概念、定律和理论都是由各门自然科学所研究的，它们属于各门自然科学本身的内容。这些概念、定律和理论，我们可以称之为“科学概念”、“科学定律”、“科学理论”。科学本身所要解决的是一些科学问题，诸如重物为什么下落，太阳系中行星的运动服从什么样的规律，等等。

但是，科学中还不得不涉及另外的一类不同性质的概念和问题。对于这类性质的概念和问题，各门自然科学都不加以研究，或者说，这些概念和问题不属于它们的研究对象。但是，各门自然科学都必须以关于它们的某种预设作为自身研究的基础。举例来说，例如，各门自然科学中都不得不使用诸如假说、理论、规律、解释、观察、事实、验证、证据、因果关系，以至于“科学的”、“非科学的”这些用以描述科学和科学活动的概念和语词。这些概念和语词及其相关的问题，都不是任何一门自然科学所研究的，但在各门自然科学的研究中却都预设了这些概念的含义以及相关问题的答案。例如，当某个科学家说他创造了某个理论解释了某个前所未释的现象，或某个理论已被他的实验所证实等等时，这就马上引出了一些问题：我们凭什么说，或者是依据了什么标准说，某个现象已获得了解释，特别是科学的解释？我们又是依据了什么标准说，某个理论已被他的实验观察所证实？当科学家们做出了这种断言时，逻辑上真的合理吗？又如，为什么有的解释不能成为科学的解释？例如，对于同一个物理现象，比如纯净的水在标准大气压力下，温度上升到 100℃沸腾，下降到 0℃结冰，对此，物理教科书中有一种解释，黑格尔式的辩证法又另有一种解释（它用质、量、度等这些概念来解释）。这两种解释所解释的都是同一种物理现象，而且看来都合乎逻辑，只要承认它的前提，其结论是必然的。但为什么黑格尔式的辩证法用“质”、“量”、“度”等概念所做出的解释不能写进物理教科书，不能被认为是一种科学的解释呢？原因在哪里？科学理论必须满足什么样的特点和结构？科学的解释必须满足什么样的特点和结构？今后我们会知道，科学解释都是含规律的。但是，什么是规律呢？什么样的命题才称得上是规律呢？规律陈述必须满足什么样的特点和结构呢？你可能会说，规律陈述必须是全称陈述并且是真陈述。但是，试想，这样的答案能站得住脚吗？又如，通常都说，科学家总是通过实验观察以获得事实来检验理论的，甚至说，实验观察是检验理论的最终的和独立的标准。但是，通过合理的反思，我们就要问，实验观察就不依赖于理论吗？实验观察中通常要使用测量仪器，但我们为什么要相信仪器所提供的信息呢？仪器背后的认识论问题到底是怎样一回事？一个简单的事实就是，仪器背后就是一大堆的理论。所有这些就是元科学概念和元科学问题。

所谓“元科学概念”和“元科学问题”，就是指那些各门科学的研究都要以它的某种预设做基础，却又不是各门科学自身所研究的那些概念和问题。这里所谓的“元”（meta－），是指“原始”、“开始”、“基本”、“基础”的意思。

由此看来，科学哲学（我们这里主要是指科学方法论）与科学的关系是非常密切的，但它又不是科学本身。它们两者所关注和研究的问题是很不相同的。那么，科学哲学和科学究竟有一些什么样的关系呢？简要地说来，它们两者的关系可以形象地大体概括为：

**1．寄生虫和宿主的关系**

即科学哲学必须寄生在科学上面，它离开了科学就无法生存与发展，从这个意义上，作为一名科学哲学家，就必须懂得科学，有较好的科学素养。如果一个科学哲学家自己不懂得科学，所谈的“科学方法论”只是隔靴搔痒，与科学实际上没有关系，那么，他所说的“科学哲学”或“科学方法论”就没有人听，至少科学家不愿意听。

**2．互为伙伴**

就是说科学哲学与科学是互为朋友，相互帮助，相得益彰的。一方面，科学哲学的研究与发展要依赖于科学，但另一方面，科学哲学又能对科学的发展提供帮助。目前在国内，由于某种特殊的原因，哲学在知识界的“名声不好”，所以有许多科学家内心里贬低哲学，但这只是由于某种历史造成的误解所使然，许多人把哲学笼统地理解为那种特殊的“贫困的哲学”。实际上，哲学，特别是科学哲学，对于科学的发展是会提供许多看不见的重大帮助的。举例来说，爱因斯坦的科学研究就曾深深地得益于科学哲学的帮助。爱因斯坦一生都非常注重科学哲学的学习与研究。早在他年轻的时候，他就与几个年轻好友组织了一个小组，自命为“奥林匹亚科学院”。他们在那里一起讨论科学和哲学问题，特别是一起阅读科学哲学的书籍。在那个小组里，他们从康德、休艾尔到孔德、马赫甚至彭加勒的书都读。爱因斯坦建立相对论，与实证主义哲学对他的影响关系十分密切。爱因斯坦自己曾经高度评价了马赫的科学史和哲学方面的著作，认为“马赫曾以其历史的、批判的著作，对我们这一代自然科学家起过巨大的影响”，他坦然承认，他自己曾从马赫的著作中“受到过很大的启发”。他的朋友，著名的物理学家兼科学哲学家菲利普·弗兰克也曾经说：“在狭义相对论中，同时性的定义就是基于马赫的下述要求：物理学中的每一个表述必须说出可观察量之间的关系。当爱因斯坦探求在什么样的条件下能使旋转的液体球面变成平面而创立引力理论时，也提出了同样的要求……马赫的这一要求是一个实证主义的要求，它对爱因斯坦有重大的启发价值。”20世纪伟大的美国科学史家霍尔顿也曾经指出，在相对论中，马赫的影响表现在两个方面。其一，爱因斯坦在他的相对论论文一开头就坚持，基本的物理学问题在做出认识论的分析之前是不能够理解清楚的，尤其是关于空间和时间概念的意义。其二，爱因斯坦确定了与我们的感觉有关的实在，即“事件”，而没有把实在放到超越感觉经验的地方。爱因斯坦一生都在关注哲学、思考哲学。他后来对马赫哲学进行扬弃，并且有分析地批判了马赫哲学，这都说明爱因斯坦在哲学的学习、研究与思考上有了新的升华。爱因斯坦曾经自豪地声称：“与其说我是一名物理学家，毋宁说我是一名哲学家。”可见爱因斯坦一生深爱哲学，他的科学创造深深得益于他深邃的哲学思考。其他许多著名科学家也有这方面的深刻体验。

**3. 牛虻**

科学哲学对于科学而言，不仅只是依赖于科学，它与科学互为朋友，而且科学哲学有时候又会反过来叮它一下，咬科学一口。科学家研究科学，但他所提出的理论却不一定是合乎科学的。例如，著名的德国生物学家杜里希提出了他的“新因德莱西理论”，他还自鸣得意，科学界最初也没有能对这种理论提出深中肯綮的批评。倒是科学哲学家卡尔纳普在一次讨论会上首先对这种理论进行了发难，指出这种理论根本不具有科学的性质，它只不过是一种形而上学理论罢了。一般不懂科学哲学的科学家很难做出这种深中肯綮的批评。又如，像前面所说的有的科学家动辄宣称我的实验观察证实了某个理论。这时，科学哲学家就可能站出来指责说：通过实验观察所获得的都是单称陈述，而理论则是全称陈述，你通过个别的或少数的单称陈述就宣称证实了某个理论，这种说法合理吗？科学哲学家会从逻辑上来反驳这种说法的合理性。科学哲学并不简单地跟在科学后面对科学唱颂歌，它对科学，对科学家的科学理论和科学活动，都会采取批判的态度。它可能从这个方面来推动科学前进。

然而，科学哲学和科学尽管有密切的联系，却又有原则的不同；科学哲学家的任务与科学家的任务有原则的不同，相应地科学哲学的研究活动与科学的研究活动也有原则的不同。具体地对某些自然现象做出科学解释，这是科学家的科学活动，但对科学解释的一般结构和逻辑做出认识论反思，这却是科学哲学的任务。具体地通过实验观察来检验某一种科学理论，这是科学家的科学活动，但思考科学理论究竟是怎样被检验的，进而一般地探讨科学理论的检验结构与检验逻辑，这却是科学哲学的课题。在具体的科学研究中选择某一种理论作为自己的研究纲领，这是科学家的科学活动，但对这些活动进行反思，思考一般地说来在科学研究中，应当怎样评价和选择理论；提出在相互竞争的科学理论中，评价科学理论的一般标准或评价模式，这就是科学哲学的任务了。这种界限还是比较清楚的。尽管许多科学家在进行科学活动的时候，不得不去探讨这些元科学问题，甚至提出某种元科学理论。但当他们这样做的时候，我们就说他作为科学家在进行哲学思考。这种思考本身不是科学研究，而是属于哲学方面的研究。一个科学家很可能同时是一个哲学家，正像有的哲学家当他介入具体的科学研究之中，去具体地创立某种科学理论或检验某种科学理论的时候，他就是在从事科学的研究并成为一个科学家一样。

通过以上说明，我们应当已大体说清楚科学哲学或科学方法论是什么，它们与科学的关系是什么了。

本丛书总共包括以下五个分册，分别是：

(1)《科学·非科学·伪科学：划界问题》。

（2）《论科学中观察与理论的关系》。

（3）《问题学之探究》。

（4）《科学理论的演变与科学革命》。

（5）《关于实在论的困惑与思考：何谓“真理”》。

以上这些内容大体上涵盖了20世纪以来科学哲学研究的主干问题。本丛书除了分析性地提供这些领域上的背景理论以外，也着重向读者提供了作者在这些领域上的研究成果，以供读者批评指正。作者的目的在于抛砖引玉，冀希于我国学者在科学哲学领域中做出更多的创造性成就。

# 前　言

本书的中心内容是讨论科学理论的演变和科学革命，特别是它的机制。对于科学哲学而言，以及对于科学史和理解科学进步而言，这都是一个特别突出而又特别重要的问题。由于它事关科学是如何进步的，因而它在理解科学方法论上，特别是就科学家如何做出科学上有重大价值的工作的意义上，就有了至关重要的突出地位。所以，在20世纪的科学哲学的发展过程中，它始终受到科学哲学家、科学史家以及科学家们的始终如一的关注。特别是从20世纪中叶以后，由于以库恩为代表的历史主义学派的兴起，它一直是国际科学哲学界所关注的最热门的问题。从库恩以后，各派主流科学哲学家（包括拉卡托斯、劳丹、夏佩尔等）所关注的中心问题始终是这个问题。

但是，平心而言，这个问题虽然经过了20世纪，特别是20世纪后半叶科学哲学家们的精心努力，然而在这个问题的研究上，仍然问题多多，难以令人满意。

20世纪，在科学理论的演变与科学革命这个问题上，做出了最杰出贡献的要算是美国科学哲学家托马斯·库恩了。库恩是一位哈佛大学的理论物理学博士，由于教学的需要，他转而开始研究科学史和科学哲学，经过了15年以上的探索与思考，他终于提出了著名的规范变革理论。他认为，在前科学时期，尚未形成规范；形成规范是科学成熟的标志。常规科学只允许唯一规范的统治，规范危机就意味着科学危机，规范变革就是科学革命，科学革命以后又会出现新的常规科学。库恩的理论是开创性的，在国际科学哲学的发展史上留下了深深的烙印。但库恩理论的毛病也是十分严重的：他的理论中所使用的基本概念模糊、多义甚至前后矛盾；他所勾画的科学发展的过程与历史不符；他把历史上科学革命（规范变革）看作是非理性的，科学家们相信不同的规范，就如同宗教皈依；他的理论不能解释科学由于革命而进步，因而也就不能解释科学在历史发展中从整体上有所进步，等等。我们在本书中对库恩理论的成就与弊病做出了详尽的介绍与剖析。

在本书中，我们在批判地继承前人工作的基础上，提出了我们关于科学理论演变和科学革命的独立的见解。我们所提出的理论的基础与核心，最重要的还在于我们在考察全部科学史的基础上所提出的科学进步的三要素目标模型，在此基础上我们又提出了科学理论的还原结构与还原逻辑、科学理论的评价模式（或曰评价标准），在方法上，我们强调了，为了建立精确的理论，必须把研究对象简化，从而自觉地运用了我们所构建的“抽象—具体方法之重构”的重要方法，在此基础上，我们进而构建了包含有一个正反馈机制和负反馈机制的闭环系统的科学革命机制的模型，本书第四章——科学革命的机制：我们的理论，就是对这一模型的详细阐述。我们的这个理论的特点是：

（1）所使用的概念比以往的各种理论更清晰，尽管我们尽量不造“新词儿”，而是尽可能继续沿用已在学科中人们早已眼熟的那些词儿，但是为了使概念清晰而周全，并能严密地表达我们的理论，我们赋予这些词儿与以往不同的全新的含义，并分别对它们给出清晰的定义，因而在我们的理论中，尽管使用了一些旧词儿，但这些旧词儿（术语）实际上却是代表了全新的概念。并且在我们的理论中始终在同一种意义下使用这些术语，这是坚持了当代科学术语学的一个基本的要求：单义性和清晰性，驱除多义性和含混性。

（2）我们根据科学的实际，坚持把科学的发展描述为一个理性的过程，在这过程中，科学的三要素目标和科学理论的评价标准起着至关重要的作用，从而完全排除了库恩的那种把科学革命看作是武装起义，“没有比有关团体的赞成更高的标准了”，以及把科学家选择规范完全看作是像“宗教皈依”那样的非理性的事业的观点。当然，我们并不排除在实际的科学发展过程中，会有各种非理性的因素参与进来影响科学家的各种科学活动，如科学家所持有的形而上学信念、国家政策的影响、科学界权威所造成的心理影响等，这些非理性因素的种类繁多，其影响的大小和性质也各不相同，但就总体而言，这些影响及其后果在很大程度上是会相互抵消的，从而就科学发展的长过程和主流而言，这些非理性因素不影响大局，科学发展就整体而言，主要是一项理性的事业。

（3）我们通过科学革命的机制的讨论，清晰地说明了科学为什么会由于革命而进步，从而也就说明了科学是一种整体上不断地进步着的事业，而且阐明了它的进步将愈来愈加速；我们通过科学革命机制的讨论，详细地指出了科学危机发生的条件、科学革命发生的条件、解除了危机与革命的捆绑模式，指出库恩所说的那种危机以后必然是革命、革命必须以危机为必要条件的那种危机与革命的“捆绑模式”是不合理的；我们还详细说明了科学理论的评价模式以及它在科学发展中起作用的机制，等等。

我们所提供的相关理论，在学术界已经引起了相当的关注。我关于科学进步目标的最初论文作为刊头文章发表于《中国社会科学》1990 年第 1 期（《中国社会科学》创刊十周年纪念专号），题为《论科学进步的目标模型》，同年又在拙著《科学的进步与科学目标》（浙江人民出版社）上对它作了更为详细的阐述。6 年以后，我国著名学者、中国科学院自然科学史所资深研究员董光璧先生在其长篇论文《揆端推类，告往知来》[①]中，在其“科学进步的认证与途径”一节中评论道：“科学进步是当代最激动人心的问题之一，人人都在谈论科学进步，对于一般人来说，科学进步似乎是一个毋庸置疑的事实，但它却成为当代科学哲学的举世难题。在什么意义上说科学是进步着的，科学进步又何以可能，如若认真思考予以探究就会陷入困境。智力上的烦恼使许多科学家、历史学家和哲学家为之付出许多心力。为能合理地阐述这些问题，‘累积进步’模型、‘逼近真理’模型、‘范式变革’模型、‘解决问题’模型、‘目标’模型等相继由不同学者提出。这些模型中所提出的科学进步的评价标准、知识增长的机制、理论的判据各不相同，有些甚至是彼此相矛盾的。比较诸多有关科学进步的模型，后出的林定夷的‘目标’模型更为可取……我们赞成林定夷在其《科学进步与科学目标》（1990）中所表达的看法……”还有其他许多人对我的“科学进步的目标模型”做出了正面的评价。与科学进步的目标模型相联系，我又曾提出了“科学理论的评价模式”的相关理论。大概是我关于“科学理论的检验”和“科学理论的评价模式”的理论曾受到了科学界的一定的关注，所以，1991 年《科技导报》（由中国科协主办）编辑部特派该刊编辑室副主任孙立明先生专程到广州来采访我，并代表编辑部就这两个问题向我约稿。关于科学理论的评价，我拟了两个题目，孙立明先生的意见，为使科学界感觉更亲近，还是把题目选为

---

① 《自然辩证法研究》1996 年第 1 期、第 2 期连载。

《科学理论的竞争与选择》更好，后来这两篇文章都于1992年在该刊上发表了。我关于“科学理论的评价模式”的那篇论文，即《科学理论的竞争与选择》[①]，后来还被收进了由两院院长朱光亚、周光召主编的《中国科技文库》[②] 之中。我关于科学理论还原与整合的理论，同样受到了学界的重视。在那里，我不但从一般理论上讨论了科学理论的还原结构与还原逻辑，还特别讨论了把生物学还原为物理—化学的可能性以及当前把生物学还原为物理化学的困难之所在。我的这些观念和理论是否能够成立，我特别希望得到生物学家的关注和批评，也特别希望能引起关注生物学理论进步与变革的物理学家和化学家的关注。我关于科学理论的演变与科学革命的理论公布以后，在网上也受到了许多读者们的关注（参见亚马逊、京东、当当等图书网）。

从科学方法论的意义上，本书中所讨论的“科学理论的还原与整合”以及“科学理论的评价”这两个问题，是有着尤其重要的实用价值的。所以，作者尤其希望，实际工作着的科学家以及他们的学生关注这两个问题，并就作者对这两个问题的理论提出恳切的批评和指正。

然而，尽管读者们对我关于“科学理论的演变与科学革命”的工作也给予了关注和好评，但我知道，我的这项工作离我自己想象中的目标还差距甚远。我自己对这项工作的评价是“近乎在沙滩上建房子”，基础还不牢靠。所以，我十分希望能得到广大读者和专家们的批评与指正，这既有利于我的进步，我相信也会有利于国内在这个问题上的学术的进步。我的这本小册子，其目的只是抛砖引玉而已。我期望我国学术界在这个问题上，有更好的成果出来。

---

① 载《科技导报》1992年第10期。

② 该书作为“九五”国家重点图书于1998年由科学技术文献出版。

# 目　　录

# 第一章　常规科学与科学革命：库恩的规范变革理论

库恩毕生研究的科学哲学主题就是“科学革命”。他的研究在国际上产生了重大的影响。他在这方面的研究著作很多，主要有《哥白尼革命》（1957）、《科学革命的结构》（1962）、《必要的张力》（1977）、《黑体辐射理论与量子不连续性》（1978）等等。但其中，在国际学术界影响最大的是《科学革命的结构》一书，它被看作是在国际科学哲学界开创了历史主义学派之研究传统的“经典著作”。

第二次世界大战结束以后，库恩在哈佛大学攻读理论物理博士学位。后来由于教学需要，使他转向研究科学史，又从科学史的研究迫使他研究科学哲学，从而使他成为一名国际上知名的科学哲学家。从1947年开始，他就被科学史背后的科学哲学问题所困惑，经过了15年的苦苦酝酿与构思，终于使他在1962年以出版《科学革命的结构》一书为契机，抛出了他的以“规范变革”为核心的较为完整的关于“科学革命”的理论。在本章中，我们将以主要的精力来介绍库恩的这一理论，然后对它开展解剖和批评。

## 第一节　库恩理论的基本概念

### 一、库恩的两个基本概念

在库恩的《科学革命的结构》一书中，作为他的理论的最基本的概念有两个：“规范”和“科学共同体”。

#### （一）规范（paradigm 又译作“范式”）

paradigm这个词源自希腊文，原义包含“共性显示”或“通要”、构成多种变式的基础、规则等的意思，由此引申出模式、模型、范例等含义。在文法中，它表示词形变化规则，如名词变格、动词变位和人称变化的规则等。库恩借用这个词来说明科学发展中某种获得公认，从而能指导科学共同体继续进行研究并发展科学的一定的科学理论、定律、方法、仪器、本体论假定等有机构成的一种总体成就。

库恩认为，科学中的这种规范典型地体现在教科书中。在19世纪初期以前以及在当今的某些刚刚成熟的科学学科中，某些经典著作（如牛顿的《自然哲学的数学原理》、《光学》，富兰克林的《电学》，拉瓦锡的《化学教程》）也起过这种作用。

规范具有两个特点：①这些成就足以空前地把一批坚定的拥护者吸引过来，使他们不再去进行科学活动中各种形式的竞争。②这些成就足以留下大量的或无数的有待解决的问题让为它所吸引的后来者（科学共同体的成员）去进行研究并获得成果，以推动常规科学的进步。

库恩说："凡是具备这两个特点的科学成就……我就称之为'规范'。这是一个同'常规科学'密切相关的术语。我采用这个术语是想说明，在科学实际活动中某些被公认的范例——包括定律、理论、应用以及仪器设备统统在内的范例——为某种科学研究传统的出现提供了模型。"[①] 这个界说，可能是库恩所给出的"规范"概念的最主要的含义。所以他还曾经强调："我是把'规范'作为普遍承认的科学成就，在一段时期中它为科学工作者团体提出典型的问题和解答。"[②]

与此相联系，库恩还强调，"规范"所代表的成就，常常成为一个科学领域的"专业基底"（disciplinary matrix）。他强调，一个新手就是通过学习规范而进入一定的科学共同体的。他在列举了一些规范的实例以后指出："学习这些规范，包括比前面所举的还要专门得多的规范，主要是使一个新手准备好参加那个此后他即将工作于其中的科学共同体。他在那里所遇到的人，也是从同一个模型中学到专业基础的。"[③] 所以以后库恩又常用"专业基底"这个概念来代替规范，把它们看作是相同的东西。即：

规范 = 专业基底

再往后，在别人的批评之下，他自己也感到他曾赋予过"规范"一词的含义太过混乱和含混，所以他就干脆不再使用（放弃使用）"规范"

① 库恩：《科学革命的结构》，上海科学技术出版社1980年版，第8页。
② 库恩：《科学革命的结构》，上海科学技术出版社1980年版，"序"Ⅳ。
③ 库恩：《科学革命的结构》，上海科学技术出版社1980年版，第8页、第9页。

一词，而使用他自己认为含义较为清晰的“专业基底”一词来描述他（关于科学革命）的理论。

库恩对“规范”一词所赋予的这种含义从字源上与 paradigm 一词的原有用法——共性显示、通则或通要（构成多种变式的基本要领）——还是有其基本一致之处的。他自己曾相当清楚地揭示了“规范”的这方面的意义，即共性显示的意义。他说：“只要对某一时期的某一专业作一番周密的历史研究就会发现，各种不同的理论在用到概念、观测仪器方面时，就有一套一再重复的、半公式化的解。这就是在教科书、讲演和实验室中所表现的科学界的规范。相应的专业界成员用这些规范进行研究和实践，就可以学到本行的专业。”①

但是，在库恩的著作中，他前后使用“规范”一词的含义远不是清晰的，也不是前后一贯的。英国剑桥语言研究室的计算机科学家玛斯特曼女士在她的《范式的本质》一文中，曾经分析说，在库恩的《科学革命的结构》一书中，对“范式”（“规范”paradigm）至少有 21 种不同的用法。她说：“根据我的统计，他在《科学革命的结构》（1962）一书中至少从 21 种不同的意思在使用‘范式’”，实际的数字“可能只多不少。”②她把库恩对“范式”一词的 21 种不同的用法，归结为以下三大类：

（1）形而上学范式或元范式。当库恩把“范式”当作一组信念、一种神话、一种有效的形而上学思辨等等的时候，很清楚，他的“范式”只是“一种形而上学观念或实体，而不是一个科学的观念或实体”，因而是一个哲学方面的范式。

（2）社会学方面的“范式”。玛斯特曼称之为“社会学范式”（sociological paradigm）。玛斯特曼女士认为，这是库恩范式（或规范）概念的主要部分。③当库恩把“范式”定义为一个普遍承认的科学成就，一个具体的科学成就，像一套政治制度，也像一个公认的法律制度时，就是这层意思——范式的社会学方面的意义。

（3）人工范式或构造范式。玛斯特曼认为这是库恩以更为具体的方

① 库恩：《科学革命的结构》，上海科学技术出版社 1980 年版，第 36 页。

② 参见拉卡托斯、马斯格雷夫主编《批判与知识的增长》，华夏出版社 1987 年版，第 77 页。

③ 库恩自己后来曾辩解说，他的规范概念主要是哲学方面的。参见库恩《对批评的答复》，见拉卡托斯、马斯格雷夫主编《批评与知识的增长》，华夏出版社 1987 年版。

式来使用“范式”一词。当库恩把“范式”当作一本实际的教科书或经典著作，一些供给的工具，实际的仪器设备，一个语言学上的语法范式，一个带有解说色彩的类比，或较有心理特色的格式塔图形或一副反常的纸牌时，就是这种意义上的“人工范式”或“构造范式”①。

玛斯特曼女士虽然强调地指出了库恩的规范概念在使用上的不一致性、多义性和含混性，但是作为在当时的一门新兴科学（1965，计算机科学）领域中工作的科学家，她却十分欣赏库恩的理论。玛斯特曼女士认为，她所揭示的库恩关于“规范”一词的21种不同的用法，虽然意义上不尽相同，但却未必是矛盾的，其中有些是可以相互补充的。

虽然玛斯特曼女士的见解未必都正确，但不管怎么说，她所揭示的库恩的“规范”概念的多义性却无疑是成立的。而库恩的研究风格，也如同波普尔晚年的风格一样，缺少了一点开放性。他对别人的批评常常大喊“冤枉”，说别人误解或曲解了他（虽然也确有误解和曲解的地方，但有许多却未必）。但是，库恩唯独对玛斯特曼女士的批评只表示了欢迎和诚恳接受，不知道是否因为玛斯特曼女士对他的理论从总体上给予了很高的评价并做了辩护。然而，实际上，玛斯特曼女士对库恩的“规范”概念的理解也未必是完全准确的。例如，有许多科学哲学家曾经指出，库恩的“范式”概念常常是指某种“总的形而上学观点”或是一个“基本理论”，但玛斯特曼女士却认为这些都不对，反而认为这是那些哲学家还未弄清楚什么是“范式”。她认为“其实那两种说法都不是范式”②。但是，实际上库恩在许多地方确实又常常把“规范”（范式）等同于基本理论或理论。如他曾说：“一个科学理论一旦达到了规范的地位，只有当一个更迭的候补者适合于取代它时，才被宣布为站不住脚的。”③ 他还曾说：“一种理论成为规范，一定要比其他竞争对手更好。”④ 甚至直到1965年在伦敦科学哲学会议上，他在对别人的指责作答辩时，实际上也仍然把规范等同于“理论”。他在那里在讲到“规范”的特性时说：“然而，只是在相

---

① 玛斯特曼：《范式的本质》，见拉卡托斯和马斯格雷夫主编《批判与知识的增长》，华夏出版社1987年版，第83～84页。

② 玛斯特曼：《范式的本质》，见拉卡托斯和马斯格雷夫主编《批判与知识的增长》，华夏出版社1987年版，第83～84页。

③ 库恩：《科学革命的结构》，上海科学技术出版社1980年版，第64页。

④ 库恩：《科学革命的结构》，上海科学技术出版社1980年版，第14页。

当特殊的意义上讲，这类检验才是针对现行理论的。而在从事常规研究问题时情况正相反，科学家必须以现行理论作为其博弈规则。"① 在那里，他还曾把规范理解作理论的"基本约定"②，即理论的核心成分，它有点像拉卡托斯的研究纲领的"硬核"了。所以，如果把规范理解作一个"总的形而上学观点"、"一个理论"，甚至理论的"基本约定"等都包括在内，再加上玛斯特曼女士所已经指出并列举过的21种，那么，库恩的规范概念至少包含有24种不同的含义了。

更有甚者，库恩在其书中所使用的"规范"概念，不但是含混的，而且在某种程度上是前后矛盾的。例如，一般而言，库恩把"规范"通常理解为包括理论、方法论、形而上学、仪器等公认成就在内的、内容非常庞杂的集合体，但有的时候却又把规范看成是一种具体的，以至于强调规范是逻辑上不能再分解为具有相同功能的更小部分的基本单位。这里所说的规范的"功能"是指什么呢？从全书来看，这就是它作为"专业基底"，提供某一种科学研究传统的模型，科学中的新手就是通过学习"规范"而能够进入科学共同体，规范的变革就意味着科学革命等等方面的作用。库恩在说明为什么要引进"规范"这个概念时曾经说过："本文经常用规范概念代替各种熟悉的观念，因此，为什么要引进这个概念，还要做一些说明。具体科学成就作为专业性的规定，为什么要比由此抽象出来的概念、定律、理论和观点更为重要呢？共有规范对于科学新手来说，在什么意义上是一个逻辑上不能再分成具有同样功能的更小部分的基本单位呢？"③ 在这里，库恩显然又把规范理解为一种"具体的科学成就"，它在逻辑上成为不能再分解成具有同样功能的更小部分的基本单位，就像化学上的分子一样，它是具有一定的化学、物理性质的最小单位，不能再分了，一旦再作分解，成了它的组成原子，这些原子就不再具有原来的那种分子的功能了。玛斯特曼女士也承认这种含义确是库恩关于"规范"一

---

① 库恩：《是发现的逻辑还是研究的心理学》，见拉卡托斯和马斯格雷夫主编《批判与知识的增长》，华夏出版社1987年版，第5页。

② 库恩：《是发现的逻辑还是研究的心理学》，见拉卡托斯和马斯格雷夫主编《批判与知识的增长》，华夏出版社1987年版，第7页。

③ 库恩：《科学革命的结构》，上海科学技术出版社1980年版，第9页。

词的21种用法中的一种。[1] 但是，深追之下，库恩的这一说法与他的其他说法难免有矛盾。库恩强调科学中可以有“大革命”和“小革命”，而科学革命就是规范的变革。所以，对应于大革命和小革命，所牵涉的规范大小显然是不同的。大规范中可以分解出小规范，小革命只牵涉大规范中的局域性的小规范。既如此，那就意味着大规范是可以包含有许多局域性的小规范的，科学中的大专业是可以包含有许多小专业的。光学中的一场革命并不一定要意味着整个物理学规范的变革或引起整个物理学领域的革命。至于他曾经举例说，甚至像莱顿瓶的发现对于小的科学共同体来说也可以是一场革命，那就更是如此了。既如此，那怎么能够说“规范”一定是逻辑上不能再分成具有同样功能的更小部分的最小的基本单位呢？这不导致矛盾吗？

总之，库恩在他的理论中引进了“规范”一词，确实是他关于科学革命理论中的一个最基本的概念，因为他讨论科学发展的模式，其中的每一个阶段都是与这一概念休戚相关的。

他所提供的科学发展模式，可以简要地描述如下：

前科学—常规科学—科学危机—科学革命—新的常规科学

在库恩看来，前科学时期没有规范，所以前科学时期科学不成熟。而所谓常规科学就意味着科学中已经出现了规范；常规科学的特点是只允许有唯一的规范统治，从前科学向常规科学的过渡是科学走向成熟的标志。库恩说：“有了一种规范，有了规范所允许的那种更深奥的研究，这是任何一个科学部门达到成熟的标志。”[2] 库恩还认为：科学危机就是规范的危机；科学革命就是规范的变革；科学中形成新的常规科学，就是科学中重新出现了新的唯一规范统治的局面。

由此可见，“规范”这一概念，在库恩的理论中确实是一个十分基本的概念。要想理解库恩的理论，首先是要尽力把握好他的这个基本概念。但是，库恩理论中的这个基本概念，确又是相当含混、不精确和多义的，甚至在他的前后使用中是存在有矛盾的，这就导致了库恩理论的一个致命伤。

---

① 玛斯特曼：《范式的本质》，见拉卡托斯、马斯格雷夫主编《批判与知识的增长》，华夏出版社1987年版，第79页。

② 库恩：《科学革命的结构》，上海科学技术出版社1980年版，第9页。

## （二）科学共同体（scientific community）

库恩认为，在科学发展的历史上，在前科学向成熟科学的转变中，终于出现了公认的规范，在统一的科学规范指导下，出现了在共同规范指导下从事研究的科学共同体，这是成熟科学的一个主要标志。正如“规范”概念一样，“科学共同体”概念在描述“常规科学”、“科学危机”和“科学革命”等科学发展的基本过程中也起着十分重要的作用。“科学共同体”（scientific community）一词并非由库恩最先使用，至少在 1942 年英国科学哲学家波兰尼在其《科学的自治》一文中已经引进了这个词。但库恩却使这一概念与他的“规范”概念相联系而使它的含义更加明朗化，从而使之在科学哲学、科学社会学和科学史的研究中，成为被更加频繁地使用的一个基本概念。由于库恩把“科学共同体”一词与他的“规范”概念相联系而赋予它以特殊的意义，而且这个词在他的理论体系中确实处于一种非常特殊的地位，因而我们可以毫无疑问地认为，“科学共同体”同样是他的理论体系中的一个基本概念。

在《科学革命的结构》一书中，由于库恩把“规范”概念放在更加中心的地位，因而在此书中，他对“科学共同体”一词常常是未加定义地捎带进来的。一般地说来，他强调“规范”是科学共同体共同接受的，并成为其专业基底的一组成就，一个科学新手就是通过学习规范而进入科学共同体的；而科学共同体则是接受一个共同规范的科学从业者集团或曰专家集团。

由于库恩强调科学中有“大革命”、“小革命”，甚至是某些极细微的、影响范围极小的革命①，因而，相应地，他所说的“规范”、“科学共同体”、“危机”、“革命”也有涉及面的大小之别，以致在一个大范围内根本无意义的变化，在另一个小范围内却构成了革命。最终，某一个科学事件是否可以被称之为“革命”，就要视其所影响到的相应的“科学共同体”而言。他强调，一次科学革命，只是对于相应的那一个“科学共同体”而言才是“革命”的。

① 库恩：《科学革命的结构》，上海科学技术出版社 1980 年版，第 41 页。

## 二、对库恩的基本概念的评论

### 1．“规范”概念的含义是模糊、含混和多义的

事实上，正如玛斯特曼女士所曾经指出：库恩在《科学革命的结构》一书中，对“规范”一词至少有过21种不同的用法。库恩自己后来也不得不承认这一点。当初，在《科学革命的结构》一书中，库恩还曾力图想强调他的“规范”概念是清晰的。他说：“除去偶尔有一点模糊，一个成熟科学界的规范并不怎么难以确定。”① 但是，经过了许多科学哲学家（特别是经过1965年的伦敦会议）的批判之后，库恩终于不得不承认：“我同意玛斯特曼女士对《科学革命的结构》一书中‘范式’的看法：范式的中心是它的哲学方面，但它又显得十分含混。”② 由于与“范式”概念相联系，在他的理论中暴露了许多问题，所以它最后也不得不承认：“当前暴露的一些不足之处也说明在我的观点的核心之处有点问题。”③ 以致后来库恩甚至想放弃“规范”概念并为自己的理论做出许多修正和辩护，从而在理论上做出了一些不大不小的转向。

### 2．库恩的“规范”概念不但含义混乱，而且内容上非常庞杂

库恩不但认为规范中“包括规律、理论、应用和工具在一起”，而且构成规范的是一些“坚强的信念网络——概念的、理论的、工具的和方法论的”，还包括“本体论的”和“形而上学的”等等。这样，在他的“规范”这个名词之下，几乎包括了对科学发展状态做出描述的一切因素，以及影响这些状态的一切因素，如规律和理论、模型和符号概括、评价的标准和方法（包括理论的和工具的）、模糊的直觉、类比、仪器装置和仪器操作规范、明显的和暗含的形而上学信念、本体论的承诺等等。总之，同科学研究和科学（发展）状态有关的任何东西都可以是“规范”的一部分或可视为“规范”。而库恩正是依据了这样的“规范”概念，他才反复地，并且还使用了丰富的科学史案例来论证了他的一个十分重要的主题：“科学传统”是受“规范”支配的，或者说，一定时代的科学规范

---

① 库恩：《科学革命的结构》，上海科学技术出版社1980年版，第36页。

② 库恩：《对批评的答复》，见拉卡托斯、马斯格雷夫主编《批判与知识的增长》，华夏出版社1987年版，第315页。

③ 库恩：《对批评的答复》，见拉卡托斯、马斯格雷夫主编《批判与知识的增长》，华夏出版社1987年版，第313页。

决定了那一时代的“科学传统”（scientific tradition）。

但是，只要我们作认真的分析，就容易明白，库恩既然对“规范”作了内容如此广泛的定义，那么他所要突出地强调的主题——科学传统受规范制约，实际上就成了同义语的反复；库恩所做的那些内容丰富的历史案例的分析，实际上是与他要论证的命题不相干的（或纯粹是多余的）。因为那个命题本身只是同义语的反复而已。试问：倘若我们断言 A 支配 B 或 A 决定 B，而 A 的构成元素就是 B 的构成元素，这时，我们再来断言 A 决定 B 还会有什么意义呢？自己决定自己罢了。

**3. 库恩在《科学革命的结构》一书中，对于他的理论中的这两个基本概念——规范和科学共同体——实际上是相互定义的**

库恩用规范定义“科学共同体”，认为“科学共同体”就是在同一规范指导下的科学从业者集团或专家集团，同时，他又用“科学共同体”来定义“规范”，认为“规范”就是科学共同体共同接受的并成为其专业基底的一组成就，这实际上就导致了循环定义。这样的循环定义当然是不能允许的。库恩后来在别的科学哲学家的指责下也承认了这一点，因而他后来（1969 年）曾认为，为了要能够成功地说明“规范”这个术语，必须首先要承认“科学共同体”是可以独立于“规范”概念来定义的，即要求把“科学共同体”当作一个更为基本的概念，再通过它来定义“规范”或“专业基底”。1969 年，库恩曾表示：“如果我现在重写这本书，我要着重改变书的体例。”① 这样，从 1969 年开始，他就开始了一个理论上的小小转向，认为应当把“科学共同体”看作是比“规范”更为基本的概念，然后，用“科学共同体”概念去定义“规范”概念。在《对批评的答复》一文中，他曾非常明确地一再重申：“如果我现在重写我那本书，那么我要从论述共同体的科学结构开始。”② “如果我的那本书重写的话，将一开始就论述科学共同体的结构问题。”③ 而到了后来，他实际上就放弃了，或者说不想再使用“规范”这个概念了，而宁愿使用“专业

① 库恩：《对批评的答复》，见伊雷姆·拉卡托斯、艾兰·马斯格雷夫主编《批评与知识的增长》，华夏出版社 1987 年版，第 339 页。

② 库恩：《对批评的答复》。见伊雷姆·拉卡托斯、艾兰·马斯格雷夫主编《批评与知识的增长》，华夏出版社 1987 年版，第 339 页。

③ 库恩：《对批评的答复》。见伊雷姆·拉卡托斯、艾兰·马斯格雷夫主编《批评与知识的增长》，华夏出版社 1987 年版，第 364 页。

基底”这个概念来代替，并认为“科学共同体”是可以用社会学方法来界定的。但这样一来也还存在着问题。一方面，当库恩试图用“科学共同体”概念来界定“规范”概念时，这是走着一条与理论科学相反的道路。“科学共同体”概念原则上是一个更浅的、与经验更加接近的概念，库恩认为它可以用社会学的方法通过经验资料来直接予以确定，而“规范”概念却不是那样，它是一个更为抽象的概念。而在一般的科学理论结构中，则是从高层次理论导出低层次理论，包括用高层次理论中的术语去定义低层次理论中的术语。除非那种所谓的“定义”是某种操作定义，但操作定义只能给出某种理论术语的部分意义。更为严重的是，按照库恩本来的意思，社会学迄今尚无统一的规范，它至多还是一门“前科学”。而既然社会学尚无统一的规范，它也就不可能有统一的标准来无歧义地界定“科学共同体”。当然，这些都是在过于严格的意义上来对它做出批评的。循环定义固然不允许，但库恩在经过退却以后的方案在较宽松的意义下还是可以给予容忍的。

**4. 波普尔的批评**

库恩强调在常规科学时期只允许有唯一的规范统治。对此，波普尔批评说：作为对科学史的描述，库恩意义下的那种“常规科学”也许是存在的（但不一定是普遍的）；然而波普尔强调地指出：像库恩那样正面地肯定这种常规研究是危险的。因为这种“常规”研究缺乏批判性，接受教条统治。波普尔还指出，即使作为科学史的描述，库恩的框架实际上也是成问题的。所以他说：“我相信，当库恩说他所称的‘常规’科学是合乎常规的，他是错了。”①

**5. 拉卡托斯的批评**

拉卡托斯批评库恩的常规科学只允许有唯一的规范，以及规范之间不可通约，实际上是说不同规范之间不可能比较它们的优劣，科学家相信不同的规范只相当于“宗教皈依”。拉卡托斯指责说，库恩的这些言论，实际上是在宣传“暴民心理学”（mob psychology），并捍卫“暴民准则”

---

① 波普尔：《常规科学及其危险》，见伊雷姆·拉卡托斯、艾兰·马斯格雷夫主编《批评与知识的增长》，华夏出版社1987年版，第66页。

(mob rule)。拉卡托斯由此指责库恩陷入了非理性主义。①

### 6. 劳丹的批评

库恩在《科学革命的结构》一书中已经使用了“研究传统”(research tradition)一词，并强调“规范”支配“研究传统”；科学革命就是科学中规范的变革，因而也就意味着研究传统的改变。劳丹在其《进步及其问题》等著作中，也采用了“研究传统”一词，并用“研究传统”的变化来描述科学革命。这看起来似乎是与库恩一致的。但是劳丹却对库恩的概念提出了尖锐的批评，并强调地指出：他的“研究传统”与库恩的“规范”是有原则上的不同的。劳丹批评库恩的概念和理论有严重的缺陷，其中最严重的缺陷包括以下内容：

(1) 库恩没有看到“概念问题”在科学争论和“范式”(规范)评价中的作用。因为库恩一再强调的“反常”都仅仅是一类“经验问题”。

(2) 库恩未解决好范式与构成理论之间的关系这一关键问题。

(3) 库恩的范式在结构上过于僵硬，它们无法随时间的推移而发生变化以应付从自身中产生的弱点和反常。而且，由于库恩所做出的一个核心假设是范式不受批评，因此，范式和数据之间不存在矫正关系。因此，很难将库恩的范式与大理论随时间的推移而发生变化的历史事实调和起来。②

(4) 库恩的范式或“专业基底”概念的意义始终不明晰，从来未得到充分的阐释。

(5) 由于“范式”的含义是如此之隐晦，只有通过它们的范例(相当于将理论的符号概括应用于实际问题，如导出的定律、做出的仪器等)才能辨认，其结果是，在库恩看来，每当两个科学家使用同一个范例时，据此就可以认为他们所接受的是同一个范式。而这是与一再发生的实事不

---

① 拉卡托斯：《证伪和科学研究纲领方法论》，见伊雷姆·拉卡托斯、艾兰·马斯格雷夫主编《批评与知识的增长》，华夏出版社1987年版，第116～267页。

② 应当指出，劳丹对库恩的这一批评，对库恩理论是有误解的。库恩对此不免会大喊“冤枉”。因为库恩曾经指出范式在发展中可以“有重要的变化”，并且强调这种变化的压力来源于……经验活动(参见库恩《科学革命的结构》，上海科学技术出版社1980年版，第27页)。此外，库恩在1965年还曾经再一次强调，在常规科学时期，理论可以调整，认为“挑战和调整是经验科学中常规研究的标准成分”(见库恩《是发现的逻辑还是研究的心理学》，载《批判与知识的增长》，华夏出版社1987年版，第17页)。

相符的；不同的科学家常常使用相同的定律或范例，但对科学的本体论和科学方法论的最基本的问题却持根本不同的看法。例如，机械论者和唯能论者都接受能量守恒定律，经典光学中的波动说和微粒说两派都承认光的直线传播、反射、折射定律等等。因此，使用库恩的“范式”来分析科学似乎无法揭示出“强有力的信念体系”（概念的、理论的、工具的和形而上学的信念体系），而这本来正是库恩希望用他的“范式”概念想要做到，甚至自鸣得意地自认为已经做到的。

**7. 其他批评**

（1）库恩的规范之间“不可通约”的观念无法解释科学由于革命而进步；因而归根结底不能解释科学有进步，除非这种所谓的“进步”只不过是不时地在常规时期出现某种“周期运动”。

（2）库恩的“常规科学”概念不甚相宜。应当承认，按照一定的规范进行研究并完成创立规范时的扫尾工作这种类型的“常规科学”是存在的；但像库恩所说的那种在科学发展中只有唯一规范统治的“常规科学”，就“常规”而言是决不存在的，因为它至多是历史上罕见的个别现象。

（3）库恩强调形成统一规范是“成熟科学”的标志。如果尚未出现统一的规范，那么就只不过表明它还处在“前科学”时期罢了。库恩曾一再强调，除了以是否有统一的规范作为标准来划分“科学”与“前科学”以外，“很难另外找到什么标准可以明确宣布某一个领域成为一门科学”了①。而在《发现的逻辑还是研究的心理学》一文中，他又继续强调了这一点。但是，问题是，这个划分科学（成熟科学）与“前科学”的标准合适吗？如果按库恩的这个标准，那么是否应当认为，中国的中医学早在古代就已经成为一门“成熟的”科学了，因为它早已有了统一的规范；反之，在当代（至少直到20世纪80年代以前），作为地质学之基础学科的“大地构造学”，以及天体演化学，却充其量还只是一门“前科学”罢了，因为它们直至20世纪80年代还未形成统一的规范。就以大地构造学而论，仅仅在中国，它的内部仍然充满着多个学派的不同理论相互竞争的局面。其中有一些理论是从国外引进的，有一些是中国科学家自己创造的。这些相互竞争的理论，仅举其要者而论，至少有：①槽台学说

① 参见库恩《科学革命的结构》，上海科学技术出版社1980年版，第18页。

(国外引进的)；②多回旋说（中科院院士黄汲清所创）；③地洼学说（中科院院士陈国达所创）；④地质力学（中科院院士李四光所创）；⑤断块学说（中科院院士张文佑所创）；⑥波浪状镶嵌构造说（中科院院士张伯声所创）；⑦板块学说（从国外引进）；等等。能否以迄今尚无统一的“规范”就认为当代的大地构造学还不如中国的古代医学成熟呢？显然不能作此结论！事实上，一门科学是否成熟，并不在于它是否有唯一规范的统治；在一门学科中有不同学派的争论，并不见得它一定比已有统一规范的古代中医学更不成熟。一门科学是否成熟的关键，是看该门学科中所形成的（一种或多种）理论的结构。在一些不成熟的学科中甚至很难说已经有了“理论”，“理论”应当满足一定的基本特点和结构，至少也要满足它的最起码的四条要求。① 在一定的条件下，依靠某种非理性的、强制的力量，也可以形成某种“统一的规范”，如以某种暴力和意识形态作后盾，限制人们发表不同的意见，在课堂上，规定教师只许讲授上级权力部门所规定的“成熟的”东西和某种完全教条式的东西来培养学生，也许就能在某一历史时期造成某种“统一的规范”，就像我们在我国和苏联曾经不止一次地看到过的那样。在苏联，生物学界在某种意识形态的强制之下，不是长期被李森科主义的伪生物学（它曾被苏共意识形态部门宣称为“唯一正确的生物学理论”）所统治过吗？

## 三、库恩的两个基本概念的价值和影响

尽管库恩在《科学革命的结构》一书中所提出的“规范”和“科学共同体”这两个概念存在着严重的问题，但是，它们在国际科学哲学往后的发展中，却打上了深深的、可能是不可磨灭的印痕，它们成了继续被沿用和讨论的重要概念。其原因就在于，它们毕竟揭示了或描述了科学发展中的某种重要特征，并且由此还改变了人们以往接受的许多传统观念。正如劳丹所说：“虽然库恩的范式概念被表明在条理上含混不清（因而难以精确描述），但它们确实有某些可以辨认的特征。”② 库恩的这些概念在当代的科学哲学以及科学史和科学社会学的研究中起过重大的作用。这些作用，概括地说，至少有三：

---

① 参见林定夷著《科学研究方法概论》，浙江人民出版社1986年版。

② 劳丹：《进步及其问题》，华夏出版社1990年版，第69页。

（1）实际上，在国际科学哲学界往后兴起的各种有影响的科学哲学理论及其基本概念，如拉卡托斯的“研究纲领”，劳丹的“研究传统”或是夏皮尔的“信息域”理论等等，几乎都是在批判和继承库恩的“规范”这一概念的基础上发展起来的，或者是与其密切相关的。读者将会看到，尽管我们对库恩的规范变革理论以及他往后所做的修正都表示出强烈的不满，并且在本书的第四章中企图端出一套在许多根本方面与之对立的作者自己关于“科学革命的机制”的某种独立的理解或理论，但读者一定也能发现，这种所谓的“独立”其实并不独立，它同样受到库恩理论的强烈的启示（正面的和反面的）和影响；这种所谓的“独立”，只不过是在吸取了以往科学哲学家和库恩的研究成果以及他们间的相互批判和讨论的基础上，又做出了一番独立的思考并重新理出了某种别具一格的新的头绪（或理解方式）罢了，特别是当我们试图讨论科学发展的模式、科学革命的机制等问题时，几乎已不可能摆脱库恩的影响。

（2）在库恩自己所做的经典性的工作中①，“规范”和“科学共同体”这两个概念，特别是其中的“规范”概念，实际上乃是他的理论的真正的核心概念。因而这两个概念实在是理解库恩理论的真正的开门钥匙。

正如前已指出，库恩对科学发展模式的理解紧紧依赖于“规范”这一概念，或与“规范”这一概念紧密对应：

| 前科学 — | 常规科学 — | 科学危机 — | 科学革命 — | 新的常规科学 |
| --- | --- | --- | --- | --- |
| 未形成统一的规范 | 出现了唯一规范的统治 | 规范危机 | 规范变革 | 出现了新的唯一规范的统治 |

在库恩的后期著作和论文中，虽然不愿再使用“规范”一词，但他所已构建起来的理论的实质却基本未变。就像麦克斯韦所创立的电磁场理论，最初曾经是借助于机械论模型而构建出来的，它的著名的方程组也是根据机械论模型而“导出”的。但麦克斯韦后来却发现了机械论模型的困难而放弃了这个模型，然而当初由这个模型而“导出”的理论和方程组却依然被保存下来。

---

① 这里所说的库恩的“经典性”工作，主要是指他早期的，特别是体现在《科学革命的结构》一书中所做的工作。他后期对他的理论所做的修正和退却对学术界的影响和冲击，远没有他的前期工作那样大。

此外，库恩通过他的规范变革理论，最强有力地批判了以逻辑实证论学派为代表的科学知识增长的“累积进步模型”，也批判了波普尔学派的影响很大的证伪主义理论（认为理论不能被经验所证实，但却能被经验所证伪），开创了科学哲学中著名的历史主义学派，这是功不可没的。也因为如此，《科学革命的结构》一书成了当代科学哲学发展中公认的“经典著作”，因而库恩的著作及其所创造的这些基本概念也成了理解当代科学哲学及其发展的重要的路标。

（3）库恩后来稍稍改变原来的理论定向，强调“科学共同体”概念应当能独立于“范式”而被定义，它可以通过其他社会学特征而被确定。自此以后，“科学共同体”概念实际上已成为被科学社会学界所广泛接受的基本概念。一些科学社会学家乐观地认为，通过科学社会学的研究，“科学共同体”概念实际上已逐渐成了一个可以独立于“规范”概念而被定义的、比“规范”概念更为基本的概念。这是一种沿着库恩思路的实践尝试或成果。库恩的思路是：可以通过运用某种经验技术而提供出辨认科学共同体更系统的方法；当把一个科学共同体或专家集团辨认出来之后，再来进一步考察：“它的成员们所共有的、指导他们解决难题，并且从选择问题到评价问题之解的可接受性的一般性标准是什么？”① 这实际上也就是考察他在《科学革命的结构》一书中所称谓的“规范”（不过此时似乎已更倾向于它的方法论含义）是什么了。后来他虽然不愿再使用“规范”一词，而代之以“专业基底”（disciplinary matrix）一词，并转而企图通过首先使用经验的方法来辨认出“科学共同体”，然后再来确定或辨识该共同体的“专业基底”是什么。

至20世纪80年代以后，库恩又转而从语言学的角度上研究科学革命的问题。但此项研究，重在对以往理论的退却和修正，对学术界的震动并不大。并且此时他虽然用了极大的精力来为他的“不可通约性”辩护，但是除了把他的“不可通约性”观念通过修正而退却到大家都能接受的比较平淡的观念以外，他对自己以往所曾经表述过的“不可通约性”观

① 库恩：《对批评的答复》，见伊雷姆·拉卡托斯、艾兰·马斯格雷夫主编《批评与知识的增长》，华夏出版社1987年版。关于如何用经验方法辨认“科学共同体”的建议，还可参见库恩于1974年发表的《再论范式》，该文收入库恩的论文集《必要的张力》，福建人民出版社1981年版。

念的辩护却未必成功。库恩理论对学术界的震动，主要体现在他的以《科学革命的结构》为契机的理论观念中。

对于他的《科学革命的结构》一书中所表述的理论性观念，玛斯特曼女士曾经对它做出了积极的评价。她一方面对范式概念进行了分析和批评，同时对库恩的理论功绩给予了比对别的科学哲学家更高的评价。她在她的论文《范式的本质》一文的最后指出："要弄清库恩的思想并发展它可能是困难的；但是如果我们不力求做到这一点，在我看来，我们就要陷入十分困惑的境地了。"

本书的作者对玛斯特曼女士的这段话深有同感。我曾长期被这一难题所困惑。本书的第四章，我们将在对库恩理论努力做出理解和批判的基础上，阐述我们对"科学革命的机制"这个困难的问题的新的思考和探索。请读者予以批判和教正。

在本章，我们将继续把主要的精力放在对库恩理论的考察和理解上。

## 第二节　前科学，前科学向常规科学的转变

库恩曾经作过说明：由于各种原因，《科学革命的结构》一书的篇幅受到限制，因而"对科学发展中的前规范时期同后规范时期的区别，我说得太简要了"①。他认为，在从前规范时期向后规范时期的转变中，"一个学派的竞争如果表现初期的特点，就是由于某种很像是规范的东西引导的结果，而晚期则有两种规范和平共处的情况，尽管我认为这是罕见的。……更重要的是，除了偶尔作些简要介绍以外，我从没有谈过科学发展中技术进步的作用，或者外部的社会条件、经济条件和精神条件的作用。但只要看看哥白尼和历书的关系就可以知道，外部条件也可以使单独一种反常现象成为一场严重危机的根源。这个例子同样可以表明，人们如果想找到某种革命的办法以结束危机，可供他们选择的范围就要受到科学以外条件的一定影响"②。我以为，这些话对理解库恩在《科学革命的结构》一书中所表述的思想非常重要。不但对于理解由前科学向常规科学的转变，而且对于理解产生"危机"、"革命"的条件等等也都是十分重要的，特

① 库恩：《科学革命的结构》，上海科学技术出版社 1980 年版。
② 库恩：《科学革命的结构》，上海科学技术出版社 1980 年版。

别是对进一步理解他的历史主义观点是十分重要的。因为众所周知，强调在科学发展中外部社会条件、经济条件和精神条件的作用，正是历史主义的要义或核心观念。在《科学革命的结构》一书中，由于受到篇幅的严重限制而未能详细展开他的这一核心思想，所以他在该书的序言中还曾经表示："我希望最后能有这样一个更详细的版本。"[①] 但这样的版本始终没有问世。但是，尽管如此，库恩在另一些著作，如《哥白尼革命：西方思想发展中的行星天文学》（1957），以及许多论文，如《能量守恒作为同时发现的一例》、《萨地·卡诺的技术先驱》、《科学发展的历史结构》等等之中还是阐明了他这个核心思想。所以为了理解库恩的《科学革命的结构》一书，还需要详细地解读他的另一些著作。

## 一、前科学的特点

库恩认为，在前科学时期，不存在"统一的规范"。他指出："一种规范经过革命向另一种规范逐步过渡，正是成熟科学的通常发展模式。"[②] 但是，这种模式在前科学时期却不存在，或者说，它不是前科学时期前科学发展的特征，因为那时还根本没有任何公认的规范。他举例说："从远古开始直到十七世纪末为止，在这段历史时期中没有出现过一种大家都能接受的关于光的本质的看法；相反，总是有许多相互竞争的学派和小流派，其中大多数都拥护伊壁鸠鲁、亚里士多德或托勒密理论的某种变形。"[③] 但是，在前科学时期，虽然没有统一的规范，却仍然能够有科学家，只是那时的科学家所做出来的工作在今天看来就会觉得"不那么够得上科学"[④]。

库恩认为，前科学时期（或前科学）有如下特征：

（1）由于没有共同一致的规范，科学家所做的实验和观察有大得多的自由选择性、随意性和偶然性（因为尚无规范去制约它），各人的理论也都针对自己任意的和偶然遇到的实验观察资料，各学派的理论相互解释不了争论对方的实验，覆盖面窄；而且由于无规范的引导，许多今天看来

---

① 库恩：《科学革命的结构》，上海科学技术出版社 1980 年版。

② 库恩：《科学革命的结构》，上海科学技术出版社 1980 年版，第 10 页。

③ 库恩：《科学革命的结构》，上海科学技术出版社 1980 年版。

④ 库恩：《科学革命的结构》，上海科学技术出版社 1980 年版。

能说明问题和那些今天看来显然由于过于复杂而对因子考虑不周的实验观察（因而会被今人认为缺乏科学性）大量地混杂在一起。而理论则面对着这些混乱的事实，不同的著作家，对于同一领域里的现象，却会做出全然不同的描述和解释，就像17世纪上半叶电学中的状况那样。

（2）科学家之间既然没有共同的信念，所以每一个科学家（如物理光学家、电学家）都感到必须从根本上重建这门科学。所以，在前科学时期，几乎有多少重要的电学家，就会有多少种对电的本质的不同的看法。①

（3）当时的科学家所出产的著作，总是对准其他学派的人，而不是对准自然界（库恩说，这种模式，在今天许多富有创造性的领域中也不陌生，这同重大发现和发明也没有矛盾）。他说，这与牛顿以后的物理光学的常规研究形成了鲜明的对照。

由于前科学时期的这些特点，所以它的发展很缓慢。

## 二、前科学向常规科学的过渡；前规范时期与后规范时期的对照

（1）常规科学有了统一的规范，前科学时期那种分歧大部分不见了，而且通常总是由于前规范时期的某一种学派的成就使得这些分歧不见了。原因是这个规范比其他竞争对手“更好”，从而使得它获得了科学家的公认。库恩说：“一种理论成为规范，一定要比其他竞争对手更好，但并不一定要解释，事实上也从未解释过一切可能碰到的事实。”② 库恩曾十分突出地做出了这种描述，即从前规范时期发展到后规范时期，科学界就有了总体上的一致，以前的大部分分歧不见了。但是，问题是，原有的分歧是如何“不见”的？即科学中的意见是如何从不一致而达成一致的？这个主要问题他并未解决好。尤其是因为他既然说“一种理论成为规范，一定要比其他竞争对手更好”，这就意味着要存在某种能对两种理论的优劣进行比较的公共评价标准，他甚至也讲到了这类评价标准，但根据库恩自己的“不可通约性”论点，他却又明确地暗示不同规范之间不存在这

---

① 参见库恩《科学革命的结构》，上海科学技术出版社1980年版，第10页。

② 库恩：《科学革命的结构》，上海科学技术出版社1980年版，第14页。

种可公共一致的、超越于规范之上评价标准。在库恩看来，评价标准就在各自规范之内，不同规范有不同的评价标准，两者无法“公度”，根据他在《科学革命的结构》一书中的观点，实际上就是“不可比较”。这样，库恩就为自己的理论自设了一个困境，他简直无法从这个困境中解脱出来。

（2）从前科学向常规科学过渡以后，由于有了科学规范，就使科学家之间的争论不需要再去不断地重申共同承认的基本原则，而且还由于他们相信规范而自信道路走对了，从而鼓舞了他们从事更精确、更深奥、也更费劲的研究工作。例如，进入常规科学以后，电学家们结成的集体不需要再去注意所有一切电学现象了，许多类型的电现象根据共同接受的规范已能一致地获得解释，因而他们就有可能去设计更加专门得多的装置，比以往任何电学家都要顽强而系统地研制和运用这些装置，以便更加细心地追踪某些选定的现象。这时，事实的搜集和理论的表述都成了高度有目的性的活动。研究活动更有效了，效率更高了。所以，常规科学的进步稳定而且快。在库恩看来，常规科学有进步，这是明显的，似乎也不难解释。他说：“总之，只有在常规科学期间，进步才好像是明显的，又是有保证的。”① 对于他来说，困难的是科学如何能由于革命而导致进步。

（3）前科学转向常规科学以后，旧时的老的学派就逐渐消逝，它的成员或者接受新规范从而能继续成为一名科学家，或者，如果不接受新规范，那就会干脆被排除出这个行业，从此无人理睬，或者依附于别的集体，如“待到哲学部门里去”。这就是说，进入常规科学以后，科学共同体就此形成；科学成了按一定规范进行研究的科学共同体的事业。共同体成员是从同一规范中接受训练并接受同一规范来指导研究的科学从业者。

## 三、规范的作用

进入常规科学以后，就形成了规范。规范的作用如何呢？扼要地说来是：

（1）科学共同体由此获得了公认的科学成就。此后，科学共同体的成员就在这个公认的基础上进行研究，而不必再“什么都从头做起”。

（2）规范是培养科学专业人员的专业基底。学习这种规范，使一个新

---

① 库恩：《科学革命的结构》，上海科学技术出版社1980年版，第136页。

手准备好参加他日后即将工作于其中的科学共同体。一个科学共同体的成员，都是从同一模型中学到专业基础的，因此，在他们以后的研究活动中，就不会再在基本原则方面碰到重大的分歧了。例如，在经典物理学家中，科学家由于都接受同一规范的训练，就不会再在诸如能量守恒定律、牛顿定律以及物理学其他基本原理或原则上发生重大分歧了。他们再不会像前科学时期的科学家那样，对什么都要从头做起，来建立他们各自的理论。

（3）规范是任何一门科学成熟的标志。在常规科学时期，由于已经有了规范，阐述规范的内容就可以留给教科书的作者们去做；而既然已经有了教科书来阐述科学共同体的共有规范，于是科学家们就可以从教科书达不到的地方开始研究，把研究工作高度集中到科学界所关心的最微妙、最深奥的自然现象中去。其结果是科学愈来愈专门化。专门化的结果，科学家们的研究工作的公报形式也就开始发生改变了。主要原因有三点：①这些研究公报主要是针对自然界，而不是对准别的人或别人的观点。②公报变得精炼、简要，充满了专门的行话（术语），它只是提供给同行们看的，而不再是像前科学时期那样，科学家们的著作和文章是可以让普通公众看的。这时，科学家写教科书甚至通俗著作，“很可能会发现他在专业方面的声誉不是得到提高，而是受到损害”[①]。③专业科学家与其他领域的同行们之间，鸿沟愈来愈大，“隔行如隔山”，相互之间不能懂得对方的专业内容。专业分工和研究是愈来愈精细了。

正是由于以上这些原因，库恩认为，常规科学表现出明显的累积增长的进步倾向，但这种累积增长的倾向只发生在常规科学时期。

## 第三节　常规科学

库恩虽然以最深刻的方式批判了科学知识的累积增长的发展模式，但是，他强调地认为，“常规科学”却是“一种高度累积性的事业”[②]。

关于“常规科学”，库恩强调了他的如下三个基本观点：①初创的规范是粗糙的；②常规科学的本质是完成创立规范时留下的扫尾工作；③常规科学的活动是根据规范解难题。以上这三个观点联合起来，就集中地描

① 库恩：《科学革命的结构》，上海科学技术出版社 1980 年版，第 16 页。

② 库恩：《科学革命的结构》，上海科学技术出版社 1980 年版，第 43 页。

述了常规科学的本质、常规科学活动的基本内容，从而也就能描述和说明常规科学为什么是“累积增长”的这种特点。下面，我们来较详细地介绍和分析库恩关于常规科学的这些基本观点或思想。

## 一、初创的规范是粗糙的

按库恩的“常规科学”概念，常规科学就意味着科学中已形成了或出现了“规范”。但是，库恩又认为，科学中“规范”的最初表述常常是十分粗糙的，它所能达到的范围也很有限。作为“规范”，它之所以能达到为科学界所公认的地位，仅仅是因为它在解决一批实际工作者公认的重大问题时比它的竞争对手更为成功。而且，说它“更为成功”，也并不一定是它完全成功地解决了某一个问题，或是显著地解决了许多问题，但由于它毕竟“比它的其他竞争对手更好”，所以它才取得了被公认的地位。

当然，就库恩而言，一个理论如何能被评价为“比它的其他竞争对手更好”，以及相应地它怎样能被科学界所普遍接受，他始终未能解决好。这个问题几乎成了他的理论所无法解决的难题。但是，关于常规科学的本质和它的活动的内容，他却是作了详细的论证和描述。

## 二、常规科学的本质是完成创立规范时留下的扫尾工作

用库恩自己的说法，完成创立规范时留下的扫尾工作，此乃常规科学的“本质”。他的《科学革命的结构》一书第Ⅲ章的标题就是“常规科学的本质”。他在“常规科学的本质”的标题之下，所讨论的主要是常规科学研究的内容的性质；并突出了如下的主题：常规科学研究的内容在性质上是完成创立规范时留下的扫尾工作。

这种扫尾工作可主要归结为两个方面。

### 1. 判定（与规范相关的）重大事实

这主要是扩大对于那些规范特别能够说明的事实的知识，因而这是一项“事实的搜集”性质的工作。

### 2. 加强理论同事实的配合

即加强某些事实同规范预测之间的配合，这也可以概括为“理论的应用”，主要包括三个方面：

（1）理论的技术应用。

（2）对于自然现象的解释和预言，即应用理论来解释和预言自然现

象。这项工作似乎与“搜集事实”以检验理论有关，但库恩强调，这种所谓的“检验”，绝不是对于“规范”的检验，而只是对科学家自己在解难题时所提出的假说或猜想的检验。库恩认为，在常规科学时期，科学家“信仰”规范，不检验“规范本身”；如果科学家在解难题时竟然埋怨“规范”失灵，那将不可避免地被他的同行看作是指责自己工具的木匠。①

(3) 说明理论。即进一步详细表述规范本身，这其中包括非常丰富的内容，我们在后面还将对它作详细说明。

库恩指出，这三类问题的研究就构成了常规科学研究的主要内容。他说：“这三类问题——判定重大事实、理论同事实匹配、说明理论——我认为充斥了常规科学的文献，不管是经验科学还是理论科学。”② 他还进一步指出：“若不是一门成熟科学的真正实际工作者，很难理解一种规范会留下多少有待完成的扫尾工作，而进行这一类工作又是多么使人入迷。这几点必须加以了解。扫尾工作使绝大多数科学家献出了他们的全部生涯。他们创立了我这里称之为常规科学的东西。”③

我们可以把库恩所说的常规科学的主要内容用表 1-1 简明地表述如下。

库恩把常规科学的研究内容大致上概括为如表 1-1 所列 A、B、C 三个方面或类别（关于 D，他只是附带地提到，我们将在第四章另作评说）。但他说明，这种区分或分类有点任意性，其间的界限也不是很清楚的。

下面，我们再分别对库恩所概括的常规科学研究的各类内容作较详细的分析和说明。

(1) 首先是关于上表中的 A，即关于搜集事实的科学研究，库恩认为，它通常只有三个中心。

A. “判定重大事实”，即发现或判定规范表明它们特别能揭示事物本质的那类事实。

例如，对于近代天文学规范而言，发现或判定行星的位置和大小，双

---

① 参见库恩《科学革命的结构》，上海科学技术出版社 1980 年版；还可参见库恩的辩护性论文《是发现的逻辑还是研究的心理学》，见拉卡托斯和马斯格雷夫主编《批判与知识的增长》，华夏出版社 1987 年版，第 5～6 页。

② 库恩：《科学革命的结构》，上海科学技术出版社 1980 年版，第 27 页。

③ 库恩：《科学革命的结构》，上海科学技术出版社 1980 年版，第 20 页。

星的星蚀周期和行星周期，以及地球的黄道倾角等等。

又如，对于波动光学规范而言，发现或确定光波波长、光谱强度、干涉条纹以及冰洲石的双折射现象等等。

表1-1　库恩认为的常规科学研究的主要内容

| | | |
|---|---|---|
| 常规科学=扫尾工作 | A. 判定重大事实——扩大规范所能说明的范围（属于搜集事实的活动） | 1. 发现规范表明特别能揭示事物本质的那类事实<br>2. “验证”理论——可以直接用来与规范的预测相比较；要求事实与预测精确地一致【注：如前所言，这里用“验证”一词，并不完全符合库恩的思想。对他来说，主要是“使自然界与理论愈来愈一致起来”。因为这种“使一致起来”的工作，更明显地依赖于规范。所以，在常规科学时期，受检验的并不是规范，而是科学家在解难题中为使规范与自然界一致起来所补充的个人所做出的假说猜测】<br>3. 探测把规范的应用清晰化和扩展规范所暗示的新实事，即扩大规范解释事实的清晰度和范围。这类活动又包括三个重要方面：<br>a. 测定物理常数<br>b. 发现定量定律<br>c. 定性实验——定性地发现事实、性质和关系等等 |
| | B. 加强理论同事实的匹配（理论的应用） | 1. 现有理论的技术应用<br>2. 扩大理论对自然现象的解释——应用理论解释自然现象<br>3. 通过引进辅助假说，以理论还原等方式，扩大理论的覆盖域【注：库恩自己没有强调这一点，或有所忽视。但按库恩理论的基本思想，此项工作自然应是常规科学（扫尾工作）中的十分重要的内容】 |
| | C. 说明规范的理论问题（进一步详细表述规范本身） | 1. 为了理论的优美和逻辑简单性、严密性，重新以等效的方式表述原有理论<br>2. 理论还原，使被还原理论获得新的说明<br>3. 扩大和改造规范之应用；消化反常；消除原有规范在内容和表述上的模糊不清，造成更加精确的规范 |
| | D. 非常规问题 | 导致革命的前兆 |

这些发现的重要性在于：规范用这些事实解题（如编制星表、年历等等），使事实对更加多样的情况具有更加精确的判决作用。

库恩认为，这类研究的意义重大。以至于“为了提高认识这类事实的精确性，扩大认识范围所做的努力，占去了实验科学的大部分文献”。为此目的，要不断地设计出复杂的专门的仪器。而发明、制造和安装、调试这些仪器都要求第一流的人才，需要大量的科研费用投资。[①] 恰如我国在20世纪80年代在财政并不富裕的情况下，也仍然愿意花费巨大的资金去建设北京正负电子对撞机和合肥同步加速器那样。

B. 判定某种事实以验证理论。库恩认为，这类事实的判定很普通（可预言），而且数量少。库恩还认为，这类判定常常针对这样一些事实，它们本身似乎并没有什么重要性。例如，为验证波动光学，菲涅耳所做的双镜干涉实验，或为验证爱因斯坦的引力理论，1919年英国著名科学家爱丁顿带队到非洲普林西比岛作全日蚀观测等，它们本身有什么重要性呢？但是，它们可以用来同规范所预测的结果进行比较，因而，它们在科学上就变得十分有价值。库恩强调：一门科学理论，特别是以数学化形式出现的理论，它们能够直接同自然界相对照的地方是不多的。原因在于理论所描述的并非直接是自然界，而是模型，因而是理想化的。也因为如此，所以常常需要付出巨大的努力和天才的智慧才能创造出适当的实验条件和复杂的仪器，然后“才能使自然界同理论愈来愈一致起来”[②]。例如，对爱因斯坦的广义相对论的检验，迄今为止，还仅有三个表明理论的预言与自然界相一致的特异性检验证据，即水星近日点的进动、光谱线的引力红移、光线在引力场中的偏转。近几十年来，科学家们还力图对广义相对论关于引力波的预言进行检验，但虽经多番努力，尚未获得可确认的结果。直至最近，即2014年3月18日，美国哈佛大学的科学家宣布他们观察到了B模式偏振，才算是有了一个有待进一步检验的“检验证据”（其中包括从理论上进一步核实和说明这种检验证据的有效性）。

库恩认为，像这类实验甚至比第一类实验更加依赖于一种规范，通过分析，库恩相当深入地揭示了观察渗透理论、观察依赖于理论这个重要的科学哲学命题。库恩甚至还揭示，规范理论往往直接包含在检验这个规范

---

① 参见库恩《科学革命的结构》，上海科学技术出版社1980年版，第21页。

② 库恩：《科学革命的结构》，上海科学技术出版社1980年版，第22页。

理论的仪器的设计之中。这种观念最终势必导致整体论（holism），甚至局部地造成理论与检验证据之间的循环论证。

C. 库恩所说的第三类实验，他概括得含混不清。但他又认为这是最重要的一类。用他自己的话说是："第三类实验和观察，我认为穷尽了常规科学的搜集事实的活动。它包括详细分析规范理论的经验性工作，以消除某些残留的含糊不清，从而使以前只是引起注意的问题可以得到解决。这一类是最重要的一类，要加以描述还得细分。"[①] 我们暂时把库恩所说的这一类实验概括为"探测把规范的应用清晰化并扩展规范所暗示的新实事"。其中又包括三点：

a. 测定物理常数。

例如，在经典科学中，对引力常数的测定，对热功当量值的测定，对玻尔兹曼常数的测定，对真空中光速值的测定，对各种化学元素的特征谱线的频率或波长的测定，等等。这些物理常数的测定构成了常规科学中实验研究的十分重要的内容，它们能够使规范的应用大大地清晰化、精确化起来。

b. 发现定量定律。

例如，发现电学中的欧姆定律、法拉第的电磁感应定律，以及光学中的诸如绕射定律、干涉定律等等。发现此类定量定律对于把规范的应用清晰化以及对扩展规范所暗示的新事实，其意义自不待言。此类发现常常会构成常规科学实验研究中的最重大的发现。

c. 设计并实施某些有利于进一步说明规范的定性实验。

在科学中，当某一个理论刚提出来时，它往往仅仅是依据了某一组现象，而其"解释域"（或曰理论的"覆盖域"）则并不是很清楚的。对此，库恩说："通常从一组现象中提出来的规范，当用到其他密切相关的现象时就模糊不清了。"[②] 怎样才能把某种规范运用到人们所关心的有关新领域，就必须有目的、有选择地做某些实验。库恩认为，这类实验往往更具有探索性。回顾科学史，我们知道，例如，热质说理论最初的覆盖范围或其经验来源，主要是研究不同"热度"的物质混合以后的冷热问题，但实际上，热还通过其他多种方式（如摩擦、化学反应等方式）吸收或

① 库恩：《科学革命的结构》，上海科学技术出版社 1980 年版，第 22 ～ 23 页。

② 库恩：《科学革命的结构》，上海科学技术出版社 1980 年版，第 24 页。

产生。然而，热质说理论既然坚持“热质”守恒，当然也应当能解释这些相关现象，于是科学家们就要费尽心机，去设计和实施许多涉及这些现象领域的试探性的新实验。结果使热质说理论在这些领域中遇到了“反常”，如伦福德和戴维所实施的实验。又如，牛顿构建其著名的“牛顿力学”的主要的经验来源或这个理论早期的经验来源，主要是关于地上的具有一定刚性的物体的运动和相互作用，以及关于天体运动的一些经验定律（如开普勒行星运动三大定律）。但是，力学现象不仅仅发生在这些有限的领域之中，当人们一旦试图把这个理论运用到他们所关心的另一些领域，如塑性物体的运动和相互作用，甚至关于流体的运动和相互作用时，无论就其解释或预言功能来说，这个理论就都变得模糊不清了。为了解决面临的新问题，势必要求科学家做出许多新的创造性的工作和相应的具有很强试探性的实验工作，以此为基础来完善规范，才能使规范在这些领域中的运用变得清晰起来。

（2）其次，关于表中所列的B，即常规科学所进行的第二类工作，是加强理论与事实的匹配，或曰“理论之应用”。这种应用，库恩概括为两类：

A.“现有理论的应用，即用来预测理论固有意义中所包含的关于事实的信息。”所以这类工作的理论意义并不大，几乎可以看作是“现有理论的技术应用”。库恩所举的例子有：编制天文历书、计算棱镜特征、绘制无线电广播曲线等等。其他的当然还可举出绘制天气预报图等等。库恩说：科学家们都把这一类工作看作是舞文弄墨而扔给了工程师或技师（注：但这又是大量的科技工作者所从事的工作。一段时间以来，我们国家号召科技工作者投入“主战场”，这项工作就是“主战场”的一个重要的组成部分）。

B. 通过引进辅助假说和新的技术方法，扩大理论同自然界的接触点或提高精确度（即提高理论与事实匹配的范围和精度）。

例一，通过引进辅助假说，用牛顿理论来解决声学问题。这里不但要引进新的物理假定，而且还要引进甚至发明出新的数学方法。

例二，为利用牛顿定律来解决“摆”的问题，就要给“摆长”下唯一的定义，为此不得不把摆锤看作是一个质点。

例三，牛顿为了用他的力学理论来解释开普勒定律，他就要采用一些把研究对象“简化”的方法，相应地必须引进一些辅助假定，如：①太阳是固定不动的；②行星只受太阳的引力作用（即当作二体问题来处理）；③把太阳和行星都看作质点。

但这样一类工作就会使科学面临许多难题。如实际的摆的摆锤都不是质点，要研究复摆，于是就要求创造一种方法，来求取复摆的“等效长度”，为此，就要求科学家能创造性地引进一些新的物理假定和必要的数学方法。没有适当的物理假定和新的数学方法，就不可能解决复摆的“等效长度”问题。像这样的一类问题，曾经是常规科学中的典型问题。

又如，行星实际上都不是按照开普勒定律运行的。开普勒以后的较精确的观测都证明了这一点。在这个问题上，牛顿理论虽然通过万有引力所引起的“摄动”容易做出定性的解释（牛顿自己早已知道他为从理论上导出开普勒行星运动定律的那三个假定都是假的）。但是，如果想要定量地并且精确地解释行星运动，使理论与自然界相匹配，就必须处理多体问题。但这一来，就引出了数学上的巨大难题。19 世纪的力学家们在数学上做出了巨大的努力（以至于他们同时成了大数学家），但多体问题的精确求解却始终是一个未被解决的疑难。

库恩认为，这类工作常常是常规科学中最具理论性的工作。他说：“这一些以及其他一些类似的问题，在整个 18 世纪和 19 世纪，耗去了许多欧洲最好的数学家的精力。伯努里、欧拉、拉格朗日、拉普拉斯、高斯，都为牛顿规范同自然界相称（匹配）而做出了各自最光辉的贡献。”①

C. 在表中所指的关于常规科学的 B 类工作中，实际上还有另一类重要的理论工作，这就是通过引进辅助假说作理论的还原。但库恩似乎没有突出地强调这一类工作，或者说，基本上被他所忽视，仅仅是作为实例在别的角度上（而不是在还原的角度上）提到过某些事例。但这项工作实在是使规范与自然界相匹配的重要方面。例如，对光学、电学、热学作力学的还原，从来是 18、19 世纪物理学界倾注精力的重大工作（关于理论还原的结构与逻辑，请参见本书第二章）。此项工作与前述涉及“理论的应用”的前两项工作（见 A、B）不同，前两项工作其“应用”都直接在理论的覆盖域之中，所以无须“还原”。如前述所举的相关实例，本身都属于力学领域。但光学、电学、热学在原始意义上不被看作是力学领域，但 18、19 世纪的科学家却按照牛顿的科学纲领，力图要对它们作力学的

① 库恩：《科学革命的结构》，上海科学技术出版社 1980 年版，第 26 页。

还原，并做出了大量的理论性的探索工作。然而这类工作又与前面表上所列的 C 类工作的第二类工作关系密切。

（3）再次，关于上表中所列的 C，即说明规范的理论问题。库恩认为，常规科学还有第三类最重要的工作，这就是阐明规范或说明理论。库恩认为，这类工作是比前两类工作“更具理论性”的。[①] 这类工作包括：

A. 为了理论的优美和逻辑简单性、严密性，重新以等效的方式表述原有理论。

例一，拉格朗日、哈密尔顿重构与原有牛顿力学等效的、逻辑上更优美的理论力学体系。

例二，麦克斯韦理论也曾经经历过同样的重构。麦克斯韦方程组最初有 20 个方程，而在赫兹和洛伦兹的肯定和支持下，经过英国工程师、电离层的发现者亥维赛工作，使麦克斯韦方程组具有了现在的那种仅有 4 个方程所组成的方程组的形式。

B. 理论的还原——如从热力学到统计力学的发展，这样就使原有的热力学理论获得了新的表述。例如，其第二定律，由此就能从分子运动论的基础上获得统计的解释，宏观过程的不可逆性也从大量粒子的微观可逆过程中获得了统计解释，等等。

理论的重新表述和重构常常会引起规范本身的重要变化，但尤其以其中的第二种类型（还原）所造成的变化，会比第一种类型所造成的变化更甚。

C. 改造和扩大规范的应用：消化反常、消除反例、消除原有规范的模糊不清，以造成更加精确的理论。如开普勒对哥白尼理论的改进（改造）。

以上这些区分多少带有点任意性。但总的说来，库恩都把它们归入“常规”研究。此外，他还顺便提到有另一类，即表中的 D 类，他称之为“非常问题”的研究。但常规科学的研究一般只在前面所说的三大类（A、B、C）的范围之内。进一步说来，“非常问题”或“革命性问题”这类提法本身也未必是完全妥当的。因为即使按照库恩的理论，“问题”本身也不可能有“常规的”与“革命的”这种区分，只有当回过头来看时，它们的解决方式才有常规的或革命的这类区别。一个问题本来也可能可以按常规方式解决（包括智巧地适当修改规范和辅助假说），但如果包括当

① 库恩：《科学革命的结构》，上海科学技术出版社 1980 年版，第 27 页。

时最有才华的科学家也竟然长期解决不了它，它才在事后被“不恰当”地看作是一个“革命性的问题”。但按照我们的关于科学中问题结构与问题逻辑的理论，倒是可以从一个特定的意义上说到关于问题的“常规”的或“革命”的区分。因为我们已经指出了问题中包含假说，特别是“应答域”预设。如果这“应答域”预设是与原有规范相冲突的，则这个问题就可以被看作是“革命性”的。例如，从“脚气病是由什么细菌引起的”最终转换成“脚气病是否是由于缺少了某种营养物质引起的”，在这里，问题的“应答域”有了革命性的变化。所以，这转换后的问题就具有了“革命性”的意义了。但库恩并没有从“问题学”的角度上做出这类分析。

## 三、常规科学是根据规范解难题

### （一）库恩强调常规科学的基本特点不是创新

库恩说：“常规科学要求创造的新东西，不管是观念上的还是现象上的都很少。”[①] 又说：“常规科学的目的绝不是引起新类型的现象；凡不适合这个框框（指规范）的现象，实际上往往根本就看不到。科学家的目标按常规并不是发明新理论，他们也往往不能容忍别人的这种新发明。相反，常规科学研究总是为了深入分析规范所已经提供的现象和理论。”[②] 因此，常规科学的研究比较保守，比较教条。但库恩强调，这也许是一个缺点，但对于科学的发展来说，它却正好是不可缺少的。

一方面，正好是由于规范的约束，使科学共同体集中注意于相对狭小范围中的比较深奥的问题，规范引导并迫使科学家仔细而深入地研究自然界的某一个部分。于是在规范所约束的范围内它的发现就多，进展就快。在科学的历史上，自从形成规范而达到常规科学的研究，它的进步就比前科学时期的进步快得多了。在前科学时期，由于没有规范，每个科学家的研究几乎都是从头做起。

但从另一方面来说，常规科学确实是教条的，保守的。但这种教条倾向或保守倾向是不是绝对的呢？库恩认为，即使在常规科学时期，“由某

① 库恩：《科学革命的结构》，上海科学技术出版社 1980 年版，第 29 页。
② 库恩：《科学革命的结构》，上海科学技术出版社 1980 年版，第 20 页。

一特定时代的特定科学共同体所支持的信念，总会在其构成成分中包含有个人的或历史的偶然性所造成的任意性因素”[①]，而这种任意性因素在科学发展中也有重大的作用，它可以削弱其中的教条性和保守性。用库恩自己的话来说，就是：“只要在陈规中有任意性因素，常规研究的本身又可以保证革新不会被压制得太久”[②]。我们曾经指出，马赫在其著名的《发展中的力学》一书中，就曾经指出过牛顿力学中的任意性因素。马赫的这个事例可以成为库恩以上这段话的一个很好的历史注脚。

### （二）常规科学仍然是一种创造性的活动

既然常规科学的基本特点并不是创新，那么，为什么会有那么多的最有才华的科学家会被它所吸引呢？答案之一是：对于科学家来说，常规研究所获得的结果是重要的（如依据天文学的规范制定年历或航海星表等）。[③] 但是，库恩强调，这还不是主要的原因，因为结果的重要性并不足以吸引科学家对它的热情和兴趣。常规科学之所以能吸引科学家们对它的热情和兴趣，主要的原因还在于常规研究仍然是一种创造性很强的活动。尽管常规科学的研究结果是可以预期的，其答案的可能范围在规范的约束之下是很有限的，但在研究中如何得出这一结果，却仍然是很不确定的。为要使常规研究的问题得出某一种结果，常常需要花费极大的智力去解决多种多样的复杂的仪器上、观念上或数学上能使许多人耗尽精力的难题。[④] 众所周知，自 1871 年以后，发现天王星的轨道之异常后就曾经出现过典型的这种情况。

### （三）常规科学是解难题

之所以说常规科学仍然是一种创造性很强的活动，原因就在于常规科学研究在性质上是“解难题”（puzzle solving）。

库恩说常规科学是解难题，这在某种意义上是一种“隐喻”或“类比”。他这里所说的难题（puzzle），主要是指可以用来测验解题能力和技

---

① 库恩：《科学革命的结构》，上海科学技术出版社 1980 年版，第 4 页。
② 库恩：《科学革命的结构》，上海科学技术出版社 1980 年版，第 4 页。
③ 参见库恩《科学革命的结构》，上海科学技术出版社 1980 年版，第 29 页。
④ 参见库恩《科学革命的结构》，上海科学技术出版社 1980 年版，第 30 页。

巧的那些特种类型的问题，如“拼版游戏”、“纵横字谜”、“魔方”或中国的“华容道”、“九宫算”等等类型的智力游戏或智力疑难。他把常规科学问题与这类难题作类比，说解决常规科学的问题很像这类解难题的游戏。库恩紧密地把常规科学研究与此类“解难题”的活动作类比。

类比之一（或曰共同特征之一）：库恩说，“难题好不好，其标准并不在于其结果是否本来有趣或重要”，而是在于在游戏规则的约束之下，解决这类问题确实需要智力，令人入迷。例如，在“华容道”游戏中，“曹操”绕过“关公”终于走出“华容道”，这结果本来有什么重要性呢？又如，游戏者终于把魔方拼出来了，这结果有什么重要性呢？关键在于其解题过程需要智力、有趣而令人入迷。库恩类比说，常规科学通过规范的约束，必然会产生，而且会有一个标准来选择可以肯定有解的问题，即为科学共同体所承认的“科学问题”。科学界可以不去研究那些看来很重要，但在规范看来不属于它的问题。常规科学的问题也如同那些“智力游戏”或“智力疑难”一样，常规科学家们相信，只要他们有足够的智力和能力，他就能成功地解决以前谁也没有解决过的难题，或者能比以往的任何人解决得更好。

类比之二（或曰共同特征之二）：库恩指出，作为难题，必有一个以上的确定解，就如同玩“华容道”游戏或解“象棋”的残局那样；而且都规定有“求解的规则”（或游戏规则）以及接受（或评价）“解”的评价标准，以便据此承认一个解题者合法地解决了问题。常规科学的解题也一样。库恩说，如果把“规则”一词加以扩展，那就是规范所给出的“既定观点”和“先入之见”。规范确定有解的问题，而且也同样地给出接受“解”的标准（即评价一个问题是否获得了解决的标准），以此来评价一个研究者的工作，确认他是否合理地（合法地）解决了一个规范所给出的问题。所以，库恩强调，“规范”不同于“规则”。

关于常规科学中的“规则”，库恩说得比较泛，或者说，它所包含的内容很多，包括：准形而上学的陈规（本体论承诺），方法论规则，接受解的规则，理论、定律方面所附加的规则等等，一直到关于仪器的使用和操作的规则等等都在内。总之，如果一个科学家违反了这些规则，那么他所得到的结果（解）就会被认为“不合法”而不能予以承认。但库恩所说的“规则”没有明确可清晰把握的内容，很泛，甚至把包括科学理论的统一性和逻辑简单性的目标也包括在内。所以，实际上他的“规则”

又与“规范”有些相似。但他又十分强调“规范”不同于“规则”，“规范”优先于“规则”，等等。库恩认为，在同一个“规范”之中，“规则”是可能发生变换或变形的。[①] 相信同一规范的科学家却不一定相信或接受同样的规则。科学家之间对“规则”会有分歧[②]。库恩说，对于常规科学研究来说，“规范”比“规则”更重要。他强调：“我认为，规则来自规范，即使没有规则，规范仍然能够指导研究工作。”[③] 在《科学革命的结构》一书中，库恩用四点理由来强调“规范比共同规则和假说具有优先的地位”[④]。他这里所说的“假说”，按他自己的用法，可能是指科学家在用规范“解难题”的过程中自己引进的“假说和猜想”，相当于拉卡托斯所说的“保护带”中的成分，即指科学家为保护研究纲领的“硬核”不被冲击而通过修改、补充保护带而引入的辅助假说。库恩认为，“规则”来自“规范”，“规则”甚至已经包含在“规范”之中，但从主要的意义上，库恩的规则似乎主要是指“方法论规则”。这在某种程度上，又更像是后来拉卡托斯所说的“正面启发法”。

## 第四节　危机与革命

### 一、危机与规范变革

在库恩的理论中，与常规科学相联系，特别是与科学危机（规范危机）相联系，还有一个非常重要的概念是“反常”（anomalies）。

库恩认为，在常规科学时期就会出现“反常”，但“反常”与某种特殊条件相结合，就会导致“规范危机”或曰“科学危机”。与常规科学相联系，还有一个重要概念是“难题”（puzzle），常规科学就是解难题。而规范变革则等于科学革命。

所以，为了进一步讨论库恩所说的科学危机和科学革命的机制和动因，我们首先来讨论他的一个关键概念：“反常”。

---

① 参见库恩《科学革命的结构》，上海科学技术出版社 1980 年版，第 33 页。
② 参见库恩《科学革命的结构》，上海科学技术出版社 1980 年版，第 36 页。
③ 库恩：《科学革命的结构》，上海科学技术出版社 1980 年版，第 35 页。
④ 库恩：《科学革命的结构》，上海科学技术出版社 1980 年版，第 38 页。

## （一）反常

在《科学革命的结构》一书中，库恩曾经论述说，常规科学虽然是保守的，但科学的本性却是不断地揭示出意料之外的新现象，做出新发现。库恩认为，新发现总是始于感到反常。所谓“反常”，就是发觉自然界违反了常规科学的预期。[①] 所以库恩认为，感到“反常”，只是预示了可能做出发现的前兆，或者在较强的意义上也可以说，感到反常是做出发现的前提。但进一步说来，“反常”在库恩那里到底是一个什么样的概念呢？

库恩在《科学革命的结构》一书中经常用到三个表面上似有区别，但却密切相关的概念：①反常——引起危机（与规范危机相联系）。②难题——常规科学的任务是“解难题”（与常规科学相联系）。③反例（逆事例）——是从起“否证作用”的意义上所说的事例。

但库恩认为，这三个用语实际上仅仅在心理的意义上有所不同，实际上它们之间是不可能有明确区分开的界限的。

首先，库恩认为，“反常”现象即使在常规科学时期也是存在的。但在常规科学时期，科学家常常仅仅把反常看作是待解决的难题，而并不把它看作是“反例”（逆事例）。库恩明确地指出，“反常”并不等于逆事例，把“反常”看作是某种逆事例，往往是在时过境迁以后，即旧规范已经被新规范所取代以后，旧规范时期的那些长期未被解决的反常才会被看作是它的逆事例。而那种波普尔意义下的、真正能从逻辑的意义上起反驳作用的“逆事例”，那是不存在的。

库恩对“反常”、“难题”、“逆事例”的这些说法是很有见地的。但可惜库恩未能从科学理论的结构和科学理论的检验结构与检验逻辑的意义上做出分析。毋宁说，库恩仅仅是对科学发展的不同时期里，当科学家们面临反常或事后回顾反常时将会有什么样的心态，即把“反常”在心理上看作是什么的不同心理状态，做出了描述。因而，库恩的这种描述，毋宁说是对历史现象从科学社会学、科学心理学的角度上做出了描述，而不是从科学哲学上做出了分析性的研究。他在《科学革命的结构》一书中，即使是对科学史上的案例的分析，也多是社会学和心理学的，而较少哲学味。然而，库恩的这个大胆的见解，显然是十分有启发性的。一方面，它

① 参见库恩《科学革命的结构》，上海科学技术出版社1980年版，第43页。

是对逻辑实证主义和波普尔的简单证伪主义观念的明确否定，而这种（否定的）见解又比较合乎历史的实际；另一方面，它对往后的拉卡托斯的精致的证伪主义理论显然提供了巨大的启发。相对说来，拉卡托斯是从科学理论的结构（研究纲领）和科学理论的检验结构的分析中，比较合乎逻辑地指出了仅仅依据于经验要对科学理论进行证实和证伪都是不可能的；反例总是有可能被消化。从而明确地指出了"反例"和"反常"实际上是没有界限的，是同一个东西。我们从我们所构建的科学理论之检验结构的比较接近实际的模型中，更加合乎逻辑地得出了同样的结论。但是，库恩的理论尽管是描述性的，不是分析性的，然而它确实为后来较具有分析性的科学哲学理论提供了经验基础。容易看到，库恩的《科学革命的结构》一书，对拉卡托斯的理论以及往后的其他学派的理论，都曾发生了重要的影响。

### （二）反常与科学的发现，事实的发现与理论的发明

在库恩的理论中，常规科学是一种高度保守性的事业。用库恩自己的话来说，常规科学是解难题的活动，是一种高度累积性的事业，它追求的目标是科学知识的稳步增长和精确化；"常规科学的目标不是事实和理论的新颖，即使在成功时也毫无新颖之处"①。但是，库恩又强调科学发展的模式是：前科学—常规科学—危机—革命—新的常规科学。但是，既然常规科学是一种保守的、高度累积性的事业，其目标不是追求事实和理论的新颖，那么，在科学的历史上又是怎样会导致科学的危机和革命的呢？——这就意味着在常规科学的内部要有某种机制能导致规范的危机和变革。在库恩看来，"反常"在其中起到了特别重要的作用。

在《科学革命的结构》一书中，库恩曾集中地讨论了"反常与科学发现；事实的发现与理论的发明"的关系。库恩自己强调，这些内容的讨论对把握《科学革命的结构》一书的主要论点将提供重要的线索。所以对这些内容应当引起特别的重视。确实，库恩的这些论点，在往后的科学哲学的发展中，引起了科学哲学家们的特别的关注。

库恩认为，科学中（事实的）发现的过程通常是：①发现开始于感到反常。②进一步探索反常的区域并扩大反常的研究范围。③调整规范

---

① 库恩：《科学革命的结构》，上海科学技术出版社 1980 年版，第 43 页。

(理论)，直到消化那些反常为止，即“直到把规范理论调整到反常的东西成了预期的东西为止”①。

通过对这些过程的分析，库恩特别强调“事实的发现”和理论的发明是密不可分的，两者的区别是人为的；“事实的发现”要以“理论的发明”为条件，为前提。这是因为：

(1)“感到反常”，这已经是与规范相联系的一种结果，因为所谓“反常”，只不过是感到某些自然现象违反了规范的预期。

(2)进一步探索反常区域，并扩大探索反常范围，这更是受到规范的指导和制约了。一方面，规范做出预期以指导实验，探索反常；另一方面，规范、理论制约着可能提出的问题；引导并确定实验的目的，实验的设计思想，技术路线和技术方案的选择，直至仪器种类的选择和使用，乃至于仪器的操作规则等等，也都无不受到规范的引导和制约，规范使得科学中的探索活动成了高度有目的的行为，它既指引了方向，也约束了探索的范围。原则上，规范制约着在科学活动中作什么样的尝试，不作什么样的尝试，并为它们确立合理性的标准。因此，规范在引导做出发现的同时，也势必会限制甚至反抗着做出另一些发现。这方面，正如库恩所指出：在任何既定时刻，规范都不可避免地要限制科学探索所容许的现象范围。

(3)所谓做出发现，就是要调整规范以消化反常，也就是使看来反常的新实事重新纳入理论的涵盖之下，或曰，通过调整规范，使原有的反常的东西重新成为规范所能解释或预期的东西。从这个意义上，事实的发现和理论的发明更无明确的界限了。

在《科学革命的结构》第Ⅵ章中，库恩用了三个重要的历史案例和一个心理学实验来详细地说明了他的观点。这三个历史案例分别是氧的发现、X射线的发现和莱顿瓶的发明。他所举的心理学实验，就是布伦纳和泡斯特曼所设计的著名的一副反常扑克牌的实验。库恩在列举了上面所列举的三个历史案例后，试图概括出科学中新发现的共有特征。他说：“上述三个实例所共有的特征，也是新类型现象所由以涌现的一切新发现的特征。这些特征有：事先觉察的反常，逐步而又同时涌现的观测上和概念上的认识，以及经常受到抵抗的规范范畴和规范程序的必然变化。”②

---

① 库恩：《科学革命的结构》，上海科学技术出版社1980年版，第43页。

② 库恩：《科学革命的结构》，上海科学技术出版社1980年版，第52页。

正是由于科学事实的发现与科学理论的发明是紧密纠缠在一起的，所以库恩强调：发现必然是一个过程，因此不可能清楚地指出科学中的某项发现究竟是在哪一个确切的时间里做出的。他认为，以往的科学史家专注于考证这些问题，集中注意于这些问题的研究，这是根本上提错了问题。

库恩所提出的这些思想是重要的。①它尖锐地提出了观察与理论的关系；事实的发现与理论的发明的关系。②引出了传统的科学哲学中，关于发现的前后关系与辩护的前后关系可以予以明确区分的观点能否成立的问题。在库恩看来，既然一项发现就是被理论所消化，被规范所吸收，事实的发现与理论的发明是紧密相关联的，所以，发现的过程显然也包括检验或辩护（justification）的过程在内；在库恩看来，认为发现的过程与辩护的过程可以作明确的区分的见解，显然是不能成立的。但总的说来，库恩的这些见解，包括他的详细的案例分析在内，都是着眼于从科学史和科学社会学的角度上研究问题。在本丛书中，读者可以看到，我们实际上可以从问题学的角度上对这种见解提供更进一步的和更深入的说明、补充、修正和辩护。从问题学理论对这种见解做出分析，可以把这种见解表述得更加简洁明了而且更加合理（相关的分析见本书第二分册第四章第六节和第三分册第七章）。

### （三）危机和科学理论的涌现

我们在前面已经指出：库恩认为，科学中事实的发现与理论的发明总是“纠缠在一起”的。但是，他所谓的“纠缠在一起”，其重点只在于强调科学中新实事的发现总要伴随有新理论的发明，从而引起规范的扩展和变化。进一步地说来，他却又曾指出：理论的发明却不一定要与“科学发现”（库恩所说的科学“发现”，一般都是指“新实事的发现”）结合在一起。引起理论变革的还存在有别的原因。库恩的这个见解同样是十分深刻的。如果进一步展开，就会做出劳丹所说的“概念问题”在导致科学理论变革中的重要性的结论。但库恩只是稍稍提到了它，却强调得不够，以至于劳丹在其《进步及其问题》一书中批评说“库恩没能看到概念问题在科学争论和范式评价中的作用”①。平心而论，劳丹的这个批评大体上仍然是有其合理性的，但是库恩也可能为此而大喊冤枉，说劳丹没

① 劳丹：《进步及其问题》，华夏出版社 1990 年版，第 11 页。

有正确理解他的书的内容。因为书中实际上已经提到了它，只是未用“概念问题”这个劳丹自己发明的词儿而已。但是，客观地说来，库恩在这个问题上显然有严重的缺陷，虽然不能如劳丹所说库恩“没有看到概念问题”的作用，但库恩确实没有予以足够的重视。在《科学革命的结构》一书中，他通篇所强调的只是由反常而导致危机。例如，他在说到反常现象时，曾说“只有这类现象才引起新理论”。如果仅就这句话而言，那么确实它就可以成为劳丹批评的自我注脚。

在《科学革命的结构》一书的第Ⅵ章中，库恩虽然强调事实的发现总是与理论的发明密不可分，因而，科学中（新实事）的发现常常会导致规范的扩展与变革。但是在第Ⅶ章中，库恩就转向了更核心的主题：新理论的发明常常引起更重大的规范变革，但理论的发明却不一定必然要和事实的发现结合在一起。库恩理论的着重点是把科学中新理论的涌现与危机结合起来进行考察；他认为，只有在危机以后，才会造成新理论的涌现。他强调科学中的理论变革或“科学革命”，必须以“危机”为前提条件，不然就不会发生科学革命；而在出现了“危机”以后，又必然导致“科学革命”，在第Ⅷ章中，他专门讨论“科学革命的性质和必然性”。我将库恩所强调的这种把“科学危机”与“科学革命”如此紧密地捆绑在一起的科学发展模式，称之为“危机—革命的捆绑模式”。至于这种“捆绑模式”是否合理，我们将在本书第四章专门论述我们关于“科学革命的机制”的见解时，再予以批判性的讨论。

我们首先来讨论库恩的“科学危机”概念。

究竟什么才算是科学危机？在什么条件下才出现“科学危机”？库恩始终没有做出过清晰而统一的说明。

但一般地说来，我们有可能对库恩的相关理论作如下简要表述。

**1. 反常≠危机**

因为在库恩看来，即使在常规科学的时期都可能出现反常。但在常规科学时期里，这些反常仅仅被看作是待解决的“难题”。“难题”如果一时解不开，也并不一定导致科学危机。库恩说“科学家往往愿意等待”，甚至暂时把它们搁置而不予理睬。[①] 所以在库恩看来，在常规科学时期里，反常等于难题。在科学的发展中，反常只有结合着一定的条件才会构

① 参见库恩《科学革命的结构》，上海科学技术出版社1980年版，第67页。

成危机。所以可以有下面的公式。

2. 反常 + A = 危机

这里的 A 是使反常造成危机的附加条件。在库恩看来，这种附加条件可以是各种各样的。例如，它们可能是：①常规科学长期解决不了它所应当解决的难题。②为消化反常，理论搞得愈来愈复杂和混乱，失去了理论的内在的美或逻辑上的和谐（这就有点像是劳丹所说的出现了“概念问题”，但只是一种类型的“概念问题”）。③外部的社会因素。例如，社会提出了某种迫切的技术上的要求等等。以上种种条件，都可能使某种或某些本来并不尖锐的普通的反常，突然变得严重起来或尖锐起来，终于造成了科学危机。库恩还认为：“通常几种情况会互相结合。”[①] “为了这些理由或其他类似的理由，当一种反常现象达到看来是常规科学的另一个难题的地步时，就开始转化为危机和非常科学。于是这种反常现象本身就这样被同行们更为普遍地认识了。”[②] 总的说来，库恩关于反常与危机的关系是说得十分含糊的。

在库恩看来，由于反常（意味着经验与理论的预期不匹配）而造成的困难是规范面临危机的一个原因，甚至是造成危机的非常重要的而且必要的条件，但却不是充分的条件。因为经验与理论不一致，有时可能并不被看得特别严重，或者至多被看作是常规科学中有待解决的难题而已。但是，反常若与另外的某些条件结合起来，那么它们就可能变得十分严重，以至于酿成了规范的危机。库恩说，在危机问题上，“……只有两条看来是普遍的”。即一切危机都是从一种规范变得模糊开始的，接着就使正常研究的规则松弛了；同时一切危机都随着规范的新候补者出现，以及随后为接受它斗争而告终。[③]

举例来说，天文学中的托勒密体系在哥白尼以前曾统治科学达 1000 余年之久。在此期间里，它也经常遇到反例。但是，它总是有可能通过不断地调整本轮—均轮系统内各要素的方式来局部地予以消除。但到了 14、15 世纪以后，为了改变历法方面的困局，迫切地需要制定较精确的历法这个外部社会提出来的技术方面的要求，就使得它的危机变得严重起来

① 库恩：《科学革命的结构》，上海科学技术出版社 1980 年版，第 68 页。

② 库恩：《科学革命的结构》，上海科学技术出版社 1980 年版，第 68 ～ 69 页。

③ 参见库恩《科学革命的结构》，上海科学技术出版社 1980 年版，第 70 页。

了。因为自公元前46年开始实行的儒略历，就确定一年的长度为365 $\frac{1}{4}$天（今天所知的回归年长度为365.2422天），这个关于一年的时间长度已是具有相当高的精确度了，它与真正的回归年长度的误差仅有十万分之二左右。每个儒略年的长度仅比真正回归年的长度多出11.2分钟。一年当中相差11.2分钟，这误差看来虽然很小，但日积月累，问题却变得愈来愈严重了。因为这个误差就意味着：每隔128.5年，就要相差一天。儒略历从公元前46年沿袭地使用到15世纪，起累积的误差实际上已超过了11天。这给各方面都带来了严重的问题。首先，在宗教方面，教会和教徒要过复活节、圣诞节等，这些对教会和教徒而言都是十分神圣而隆重的日子。但是到了15世纪，每到12月25日过圣诞节的时候，教会和教徒都痛苦地知道，实际的圣诞节早已过去11天了。其次，当时的欧洲普遍地流行占星术。占星术也要把星宿与日期联系起来占卜吉凶等等。但现在实际上也成了严重的问题。再次，在农牧渔业等生产领域中，当然也构成了更严重的问题。农牧渔业的生产都要讲究季节时令，何时下种、何时育秧等等。错过了季节就会造成严重的减产，甚至灾难性的后果。但现在，通行的历法上的时间与实际时间竟相去11天，那就无法用它来指导农牧渔事。于是，宗教的、社会的、农牧渔业生产上的各种社会需要都向天文学提出了改革历法的强烈需要。但是，历法所需要的高精度却向托勒密体系提出了严重的挑战。托勒密体系长期解决不了这个难题。此外，托勒密天文学在观测精度方面也存在着各种困难，但在为解决它本身所遇到的各种经验困难（经验反常）的时候，却又使得这个体系本身变得愈来愈复杂。情况恰如库恩所言，在15、16世纪的时候，随着时间的推移，人们只要注意一下许多天文学家的正常研究的最后结果，就可以发现，天文学的混乱性比精确性的提高要快得多，这里校正了一种误差，那里又会冒出另一种来①。一种理论如果长期解决不了它所应当解决的难题，而且解决不了愈来愈迫切地要求它解决的难题，这时，它的危机就加深了。以至于如同库恩所说：“到16世纪初，欧洲愈来愈多的最优秀的天文学家都认识到，天文学规范已不能应用于它自己的传统问题了。”② 这可以说，正

① 参见库恩《科学革命的结构》，上海科学技术出版社1980年版，第57页。
② 库恩：《科学革命的结构》，上海科学技术出版社1980年版，第57页。

是那些最优秀的天文学家们感受到了规范危机并达到了一种认识。这种认识，也体现在哥白尼的《天体运行论》一书中。在《天体运行论》一书的序言中，哥白尼写道：他所继承的那种天文学传统最后造出来的只能是一个妖怪。库恩认为："这样的认识，正是哥白尼放弃托勒密规范而另找新规范的必要前提。"① 库恩十分强调"危机"是导致"革命"（规范变革）的必要前提。没有危机，人们会继续按旧规范从事常规研究，而不会试图去创造新规范。他曾强调："首先是由于危机才有新的创造。"②

又如，在化学科学方面，在拉瓦锡革命以前，燃素说规范的危机特别是由于两个方面的反常（气体化学和重量方面的反常）累积起来而造成的。但这又是与一定的历史条件有关的。例如，重量问题之所以导致燃素说的危机，就是与化学家们逐渐接受了牛顿规范有关。因为在某些金属的煅烧实验中，金属灰的重量增加了（变重了），这是以往的许多化学家早就知道的事实，但是，长期以来，化学家们根本不认为这是什么问题，即不认为它们是什么"反常"。因为在他们看来，物体的轻重，就像物体的颜色、光泽、质地等等一样，无非都是物质的一种"性质"（这是亚里士多德规范下的一种认识）。而在化学变化中，物质会改变性质，这根本不值得大惊小怪，它很自然，并不反常。但是，自 1687 年牛顿出版了他的《自然哲学的数学原理》一书以后，在物理学领域中，牛顿规范显然已经完全战胜了旧的亚里士多德规范。接着而来，在化学界中，化学家们也逐渐接受了牛顿规范。但是，化学家们一旦接受了牛顿规范，那么，"质量"（m，以及相联系的重量 mg）就被看成了它是"物质之量"，而物质是不能产生也不能消灭的。只有到这个时候，金属煅烧后的增重问题，才成为了一个需要解决的问题（某种反常或难题）。这时，燃素说的拥护者却用"有些燃素有负重量"的特设性假说来消除这一反常。然而，燃素说的拥护者的这种做法，却又使得燃素说理论变得愈来愈模糊和混乱，就像拉瓦锡所批判并把它比作"变色虫"那样。这时，燃素说的危机就严重起来了，另找思路寻找新的取代规范的欲望就强烈起来了。

库恩在《科学革命的结构》一书的第Ⅻ章中通过三个实例的分析，试图说明反常与一定条件的结合就能导致旧规范的危机。这三个实例是：

---

① 库恩：《科学革命的结构》，上海科学技术出版社 1980 年版，第 57 页。

② 库恩：《科学革命的结构》，上海科学技术出版社 1980 年版，第 63 页。

①天文学中托勒密体系的危机；②化学中燃素说的危机；③19世纪末出现的经典物理学的危机。库恩通过这些实例的分析，试图说明反常与一定条件的结合，如何导致了规范的危机。

但是，库恩所使用的“危机”和“革命”这些词儿，原则上都是一些隐喻和借喻。正如1905年普恩凯莱也只是从隐喻和借喻的意义上来断言了“物理学的危机”正标志着物理学处于“革命的前夜”一样。库恩与普恩凯莱一样，都用“危机”一词来隐喻科学发展中的某种特殊状态；他把“科学危机”描述为：由于旧规范在解决它所面临的反常问题上的失败，科学共同体对规范的信心发生动摇，从技术上按常规解决难题的活动中断，转而探索新方向，由此产生一种专业上的显著不稳定状态。正如库恩根据在历史上一系列科学领域中所出现的反常及其后果以后所指出："人们甚至可以把这些影响所及的领域恰如其分地说成是处于一种不断增长的危机状态。它要求大规模的规范破坏以及对常规科学的问题和技巧进行重大变革，因而新理论涌现之前一般都有一个专业显著不稳定的时期。”[①]

在这个“专业的不稳定时期”，即“危机”时期里，科学共同体成员感到再也不能用原有的理论（或规范）来解决它所面临的那些问题了。于是，在科学危机时期里出现了如下两个显著的特点：

（1）旧规范的变种愈来愈多。这是因为，在危机时期里，由于旧规范在解决它所面临的反常问题的失败，因此，即使是仍想维护旧规范的那些科学家，也感到再也不能原封不动地按旧方式来解释世界，因而为了挽救旧规范而不断地创造出各种各样的、花样百出的，甚至迅速变换式样的旧规范的各种新变种。就像库恩根据历史的实际情况所指出：在18世纪70年代的燃素说的危机时期里，“几乎有多少气体化学家，就有多少种燃素说的变形”[②]。库恩强调地指出：“一种理论的变形骤增，正是危机的一种迹象。”[③]

（2）与旧规范相竞争的新理论不断涌现。这是因为，既然旧规范发生了危机，科学共同体成员对旧规范普遍地发生信心动摇，于是纷纷想寻

① 库恩：《科学革命的结构》，上海科学技术出版社1980年版，第56页。
② 库恩：《科学革命的结构》，上海科学技术出版社1980年版，第59页。
③ 库恩：《科学革命的结构》，上海科学技术出版社1980年版，第59页。

找新的出路，创造不同于旧规范的新理论来解决危机。同时，科学的认识论也表明，对应于同一组经验事实，可以构建多种理论与之相适应，并不存在受已有资料所制约的所谓“唯一正确”的解决方式。所以，正是在科学危机时期里，科学界的思维特别活跃。库恩自己也指出：“科学哲学家们曾一再证明，根据同样一套材料总可以提出一种以上的理论构造。而科学史表明，特别是在一种新规范的初期发展阶段上，发明这样一种替代的理论并不是很困难。”① 正是由于这个原因，所以使得各种与旧规范相竞争的新理论不断地涌现。库恩曾经强调地指出：新的“竞争理论激增”，正是“危机的伴生物”。而“新理论就像是对危机的直接回答”②。应当说，库恩对科学危机的这一特征的描述，是相当确切的。此外，库恩还特别地把这一特征与科学的常规时期作了明显的对比，认为这种发明新理论的活动正好是科学家在科学常规发展时期“很少进行的”③，甚至是“不会发生”④ 的。他认为，原因就在于：“只要规范所提供的工具还能够解决它所规定的问题，科学就进展得快，可以最深入地合理利用这些工具。理由是很清楚的，科学像制造业一样——更换工具是一种浪费，只能留到需要的时候才进行”⑤。当然，库恩的这个类比所提供的理由并不特别有力，而且他的某些说法又显得过于极端。例如，他一再强调：“新理论都只在常规解题活动已宣布失败以后才涌现”⑥，“首先是由于危机，才有新的创造”⑦。像这样一些说法实在是有点太过分了。结果，使他所构建出来的关于科学革命的理论，是一个把“危机”和“革命”在任何情况下都是紧密地“捆绑”在一起的僵硬的模式。而这个模式显然缺乏合理性。它既得不到逻辑—认识论的合理支持和辩护，也与历史上发生的许多实际情况不相符合。

---

① 库恩：《科学革命的结构》，上海科学技术出版社1980年版，第63页。
② 库恩：《科学革命的结构》，上海科学技术出版社1980年版，第62页。
③ 库恩：《科学革命的结构》，上海科学技术出版社1980年版，第63页。
④ 库恩：《科学革命的结构》，上海科学技术出版社1980年版，第62页。
⑤ 库恩：《科学革命的结构》，上海科学技术出版社1980年版，第63页。
⑥ 库恩：《科学革命的结构》，上海科学技术出版社1980年版，第62页。
⑦ 库恩：《科学革命的结构》，上海科学技术出版社1980年版，第63页。

# 第二章　科学理论的还原与整合

## 第一节　科学中还原论与反还原论的历史争论

### （一）古代和中世纪

科学理论是否有可能实现还原？关于这个问题的两种对立意见，即所谓“还原论”和“反还原论”的对立，实际上是古已有之的。德谟克利特的原子论实际上就已包含有机械还原论的思想，而亚里士多德的“隐德莱希”（活力）概念，则包含有活力论的思想。但在古代，这种对立并不是很明确的。直到16、17世纪，以巴拉塞尔苏斯和赫尔蒙特为代表的医疗化学学派，主张生命化学论，认为生命基本上是一种化学现象，强调应当从生命有机体内的化学过程来解释生理现象，因而看来像是一种还原论理论。但是，这种理论并不彻底，实际上，当它把生命现象归结为化学过程的同时，它要求助于在背后操纵化学过程的炼金精灵——阿契厄斯（Archaeus，又译生基），因此它又更像是一种活力论。还原论和反还原论的对立和争论，只有当近代科学日益走向成熟以后，才逐渐地明朗和尖锐起来。

### （二）牛顿时代

牛顿的科学纲领是明确地主张还原论的，因为它要求“从力学原理中导出其余自然现象”。但牛顿纲领所主张的还原论，只是还原论的一种特殊形态，即机械还原论。机械还原论要求对物理学、化学乃至生物学的理论作力学的还原，即还原为力学。牛顿所主张的那种机械还原论，一开始就受到了部分科学家的怀疑。特别是在生物学领域中，由于对生物学理论作力学还原的努力屡遭失败，早在17、18世纪，就有许多生物科学家拒绝机械还原论，而力图承袭和发展古代就有的活力论主张。这种活力论在最初还只是与机械论相对立，但在进入19世纪以后，情况就发生了变化。

### （三）19世纪的争论

当历史进入19世纪中叶以后，由于一部分思想深刻的科学家，如贝尔纳等，清晰地表述了一种非机械论的还原论见解，因而与之对立的活力论也改变了形态。贝尔纳曾经指出：活力论和机械论都是不可取的毫无价值的哲学。但是他仍然坚信还原论的下述原则：对于生命现象来说，始终存在着真实的物理化学基础。因而他认为：研究生命现象的这个指导性原则必将继续发挥作用，直到人们对生命现象获得一个适当的物理化学解释为止。在19世纪，特别是在19世纪下半叶以后，贝尔纳所表述的那种还原论原则曾获得了重大的胜利，包括有机化学和早期生物化学方面的一系列重大胜利。但是这种胜利并不意味着还原论最终战胜了活力论。这时候，新形态的活力论作为一种反还原论的见解，强调了以下主张：尽管生命体或生命体的某些产物能够用物理化学的语言进行描述，但是，生命体或生命系统的基本特征是不可能仅仅用物理学和化学原理来解释的；生命体之所以成为生命体，是由于有某种独特的、不能归结为物理化学作用的隐蔽因素（如生长原则、活力等）在其中起作用的结果，所以生物学规律也不能仅仅归结为物理—化学规律，或用物理—化学规律来解释。19世纪德国著名的生理学家兼比较解剖学家弥勒所表述的观点是这种谨慎的活力论观念的典型代表。弥勒指出："生物体内的很多现象能用物理学和化学来解释，但也许还有仅凭物理学和化学怎么也解释不了的现象，对于这些现象就应该认作是生物体所特有的东西。"但即使到了19世纪中叶以后，机械还原论也还有着十分强大的影响。弥勒的学生、德国著名的生理学家兼物理学家赫尔姆霍兹就曾于1870年明确地表示："活细胞的行为可以用在一定的力的规律下活动的分子运动来加以说明。"然而，值得指出的是：正如机械还原论只是还原论的一种特殊形态，不可以在机械论与还原论之间画等号一样，活力论也只是反还原论的一种特殊形态，或者说，它只是反还原论观念在生物学领域中的特殊表现，不可以把反还原论仅仅看作是活力论[①]。这种反还原论的最一般的观念，我们可以用德国自然哲学中某些较流行的观念予以表述。恩格斯的表述可以看作是这种观念的代表。

### （四）恩格斯的论断

在《自然辩证法》一书中，恩格斯曾经明确地认为：物质世界的运动形式是无限多样的。它们各有其特有的特殊的本质，不能相互归结；宇宙间这些无限多样的运动形式，按照（其演化上的）从低级到高级的顺序，可以分为五种基本的运动形式，即机械运动、物理运动、化学运动、生物运动和人类社会运动。尽管高级运动形式中包含有低级运动形式，但高级运动形式有自身特有的规律性，它不能归结或还原为低级运动形式，所以我们不能要求从低级运动形式的规律中导出高级运动形式的规律。从这种观点看来，还原论当然是错误的。20世纪以来的所谓“系统论”的某些创始人，实际上继承了恩格斯的以上观点。

### （五）当代的争论焦点：生物学能否还原为物理—化学

从20世纪至今，还原论与反还原论之间继续进行着不断的、激烈的争论。争论的焦点往往集中在能否把生物学还原为物理—化学的问题上。主流生物学家仍然持还原论的思想，并且取得了许多重大的成果。但在把生物学还原为物理—化学的问题上，仍然困难重重。因而另一些生物学家和哲学家就继续坚持原有的反还原论主张，只是稍稍改变了说法。20世纪国际著名的理论生物学家、一般系统论的创始人贝塔朗菲就以某种比19世纪的反还原论主张更为精致的形式，持有与19世纪时就有的与恩格斯的观点相似的观点。贝塔朗菲不同意活力论，认为它是神秘主义的，即使对于20世纪20年代德国生物学家杜里希所倡导的新活力论，虽然他对它寄予某种同情，但他也持明确的批判态度。因为它同样没有摆脱神秘主义。但与此同时，贝塔朗菲也明确地反对还原论。贝塔朗菲虽然强调科学

---

① 在“还原论”与“机械论”等等术语的使用上，迄今存在着许多混乱。这只要看看20世纪美国著名科学哲学家亨普尔在其著作中的表述就清楚了。在《自然科学的哲学》一书中，他写道：“人们可以将机械论看作是这样的一种观点，这种观点认为，在今后进一步的科学研究中，生物学终将还原为物理学和化学。”我们希望，我们的说明将有助于澄清用语和概念上的混乱。

统一是科学的重要目标，但在如何才能实现科学统一的方法论问题上，他却只强调一般系统论所体现的“整合”的方法，而拒斥还原的方法，甚至指责还原的设想只是一种“空想”。他说，在系统论出现以前，“科学的统一表现为把所有科学简化为物理学，一切现象最终分解为物理事件”。即科学统一的道路被设想为是通过理论还原的道路来实现的。他认为，一旦有了他所倡导的系统论以后，情况就发生了根本变化。他说：“按我们的观点，科学的统一就有了更现实的方面。世界的统一概念的基础不是最后把各层次的现实简化为物理学层次的无益的、必然牵强的希望，而是不同领域的规律的同形性。”尽管他在个别地方还声称将把“还原论”主张的可能性“留下不答”，但实际上他却又明确地指责“还原论”只是“空想”，并把一般系统论所体现的某种特殊的整合方式看作是科学统一的唯一道路。他说：“科学统一不能靠把所有科学简化为物理学和化学的空想，只能通过实际世界的不同层次的结构一致性来实现。”贝塔朗菲认为，一般系统论所体现的同形性概念才为走向科学统一铺平了道路。从总体上说，贝塔朗菲的反还原论的立场是非常明白的。贝塔朗菲的这种观点，在一部分生物学家和生物学哲学家那里有着相当广泛的市场。这使得还原论与反还原论的激烈争论一直延绵不断地持续到今天。

### （六）争论的新发展：复杂性与还原论

围绕着生物学是否能够还原成物理—化学的争论，在20世纪，随着包括系统科学在内的复杂性科学的发展，还原论与反还原论的争论进一步扩展为复杂系统的基本性质的问题，认为涉及复杂性系统的不同层次的理论之间不可还原，乃是复杂性系统的本质特点。这种观念，在一部分研究复杂性科学和哲学的学者圈子里，占据着主导的地位。但这些学者的头脑里，也存在着很大的苦恼，因为他们对“复杂性系统的本质特征是不可还原性”的论点作不出真正的论证。

2001年12月在广州华南师范大学召开了“全国复杂性与系统科学哲学学术研讨会”。会上，曾经集中讨论了系统复杂性和复杂系统的概念问题。参加会议的有许多高层次的著名专家，如中国科学院院士戴汝为、中科院系统科学研究所前所长于景元、清华大学教授魏宏森，还有华南师范大学校长颜泽贤教授、中山大学张华夏教授等等。在这次会议上，特别安排了所谓的“基调报告”。一些著名学者，如戴汝为院士、于景元研究员、魏宏森教授都被安排作“基调报告”。在这些学者所做的“基调报告”中，几乎都是一致地、突出地强调并断言复杂系统和系统复杂性的“本质特点”是它的不可还原性，并且往往笼统地把还原论与机械论相等同。这些“基调报告”中的这种论点几乎成了这次会议上的统一的声音，完全听不到与此不同的声音。但仔细推敲起来，这些权威们的这些论点，其实都只不过是一些断言，缺乏论证。如果要说有什么“论证”的话，无非是两条：①大量实践证明了它；②整体不同于部分和，整体在性质和功能上突现出了它的任何构成部分所不具有的新的性质和功能，这些“突现”表明不同层次间的理论不可还原。但是，实践真的能证明他们所说的“复杂系统的本质特征是它的不可还原性”这个“必然真理”吗？我们通过本丛书第二分册中曾经讨论过的“归纳问题”以及“科学理论的检验结构与检验逻辑”，应当已经明白，这种所谓的“论证”，是不能成立的。至于整体在性质与功能上有“突现”，就表明理论间不可还原吗？这种“论证”显然也是不能成立的。因为它实际上也并没有论证，而只是断言。我们可以轻而易举地举出许多反例，表明这种断言不能成立。例如，我手腕上的这只机械手表，具有报时功能，它是性质或功能的突现，因为把这只手表拆卸开来，它的任何一个组成部分都不具有报时功能。但是，这种性质或功能的“突现”就表明它不可能从它的下一层次的要素及其关系中导出吗？显然不是！我们从这只手表的各个部分相互关系和相互作用中就能够逻辑地导出这只手表为什么具有报时功能（“还原”了）。所以，复杂系统和系统的复杂性的“本质特点”真的是“不可还原性”吗？“还原论”就等同于“机械论”吗？这些问题正是需要作认真的研究和讨论的。当然，这里所说的“还原”是指理论间的还原，或曰系统的不同层次理论间的还原，而不是指把“理论陈述”还原为“观察陈述”。关于这一点，会议上专家们报告中的意思也是很清楚的。关于把“理论陈述”还原为“观察陈述”，20 世纪的科学哲学已经证明它是不可能的。但是，关于理论间的还原呢？或曰关于系统的不同层次的理论间的还原呢？即使对于复杂系统而言，它已经被证明过是不可能的吗？对于这一点，正是需要作进一步的仔细分析的。只有这样，才有利于科学，包括复杂性与系统科学的健康发展。

### （七）争论不休的原因

为了认真和有效地讨论还原论和反还原论之间的争论，首先需要理清过去几百年间两者之间争论不休的原因。

实际上，还原论与反还原论争论的焦点始终是："还原"可能吗？"还原"只是"空想"吗？几百年来科学界和哲学界热烈争论的实际上就是这个问题。我们不可能再去更详细地回顾这场争论的历史细节。但回顾历史，一个明显的事实是：在这场持续不断的、简直是无休止的争论中，争论双方所使用的概念和所表述的意思不够清晰和太过模糊，是这场争论延绵不休却得不出明确结论的基本原因。其中一个最关键的概念是"理论的还原"。由于争论双方对理论的还原的含义没有清晰而一致的理解，因此争论双方对于科学理论还原的可能性和合理性就持着决然相反的态度，并且谁也说服不了谁。这种情况，甚至直到现代也还时有发生，在贝塔朗菲那里以及当前关于复杂性和复杂系统的讨论中，我们也看到了同样的情况。由于对"理论的还原"一词有各自不同的、模糊而未清晰表述的理解，于是，一位生物学家可能把分子生物学作为已把生物学还原为物理—化学的证据来支持自己的还原论的主张，而另一位生物学家则可能同样拿着分子生物学作为例证来支持他的反还原论的主张。所以，为了使我们的讨论能有效地进行，首先需要澄清一些概念，然后才可能来讨论：什么意义下的还原是可能的，什么意义下的还原是不可能的，进而还可以来讨论，就可能实现的那种意义上的理论还原来说，应当使它满足一种什么样的逻辑结构。

那么，何谓理论的还原呢？

## 第二节　何谓理论还原

何谓理论的还原呢？我们根据历史上的争论和亨普尔、奈格尔等人已经做出的工作，再往前作进一步的重要的理清，就可以进一步把理论还原的意思清晰地表述如下：

设有理论 $T_1$ 和 $T_2$，说 $T_2$ 在 $T_1$ 上得到还原，当且仅当：（1）$T_2$ 上的术语能通过 $T_1$ 上的术语来定义（术语还原）；并且（2）$T_2$ 上的规律能通

过 $T_1$ 上的规律导出（规律还原）。

牛顿科学纲领中所包含的理论还原实际上就是这个意思，只不过牛顿纲领所说到的还原，还有一个特殊的要求，那就是作为还原理论的 $T_1$ 必须是力学理论，任何被还原的理论 $T_2$（如声学理论、热学理论、光学理论等等）必须使它在力学理论中得到还原。但是，如果我们剔除掉牛顿纲领的这个特殊要求，那么，上面所表述的正是理论还原的一般含义。所以，我们所讨论的“理论还原是否可能”的问题，实际上就被归结为上面所说的那两条必要而充分的条件是否能得到满足的问题。

## 第三节　理论还原是否可能

理论还原的可能性取决于理论还原的那两个充分必要条件是否能够得到满足。我们试着作逻辑上的考察。

首先看第（1）个要求，即“$T_2$ 上的术语能通过 $T_1$ 上的术语来定义”（或称术语的还原）是否可能被满足或在什么意义上才可能被满足。

让我们假定 $T_1$ 和 $T_2$ 都是某种既成的并被发展着的理论，因为如果仅有某种理论 $T_2$，问题只在于要去创造出某种新的理论 $T_1$，使 $T_2$ 在 $T_1$ 上得到还原，这样的任务仅仅相当于要去构建出某种高层次理论（$T_1$），以便能够从它导出低层次理论（$T_2$）。这方面遇到的逻辑和认识论问题相对比较简单，并且我们已经对它进行过讨论。真正的困难并引起争论的是两个既成的并被发展着的理论，如生物学理论与物理、化学理论之间能否实现还原？生物学中的术语（如“细胞”、“遗传基因”）能否借助于物理、化学中的术语来予以定义。

从逻辑学中我们知道，标准意义上的定义主要有两种类型。一种是描述性定义，它被用来陈述或描述某个已在使用中的术语的一个或几个公认的意义。另一种是规定性定义，它是通过规定，赋予某个给定的术语以特定的意义，该术语既可以是一个新造的语词或符号（如“π 介子”），也可以是一个“旧的”术语，但被赋予了新的、另外的特定的意义（如在现代的量子场论中谈到夸克的“颜色”）。描述性定义的一般形式是“$D_S$ 就是 $D_P$”。其中 $D_S$ 代表被定义的术语，即被定义项，而 $D_P$ 则代表下定义的表述，即定义项。定义中要求 $D_P$ 对于 $D_S$ 既是必要的，又是充分的，

即要求 $D_S$ 与 $D_P$ 之间满足等值关系。典型的描述性定义是分析性的，其目的是要分析一个术语的公认的意义，并借助于其他术语对之做出描述，而这些其他术语的意义是事先约定已被人们所理解的。所以，典型的描述性定义的更具体的表述形式可以表示为："$D_S$ 具有与 $D_P$ 相同的意义。"例如，"'父亲'具有与'双亲中的男性'相同的意义"，就是一个典型的描述性定义，它借助于"双亲中的男性"对"父亲"这个术语做出描述，分析出它的公认的意义。"双亲中的男性"是作为"父亲"的必要而充分的条件，因而两者是等值关系。与描述性定义不同，规定性定义的一般形式是"(用)'$D_S$'表示'$D_P$'"。它的任务并不是要揭示某个已在通用中的术语的一种或几种公认的意义，而往往是在某种陈述系统或理论场合下，新引入了某个术语或符号，我们人为地规定这个术语或符号在这个陈述系统或理论中的某种特殊的意义或用法。因此，这种规定性定义的形式可以更具体地表示为"(规定)'$D_S$'应具有与'$D_P$'相同的意义"或"让我们把'$D_S$'理解作与'$D_P$'是相同的东西"等等。例如，在光学理论中，我们引进一个符号"C"，并给予一个规定性定义："我们用符号'C'表示'光在真空中的速度'。"这就是我们在一个理论系统中，人为地规定了符号"C"的特殊意义和用法，即使它与"真空中的光速"具有相同的意义。后面，在本书第四章中，我们将引入这种定义的方法。显然，由于描述性定义是要陈述和描述某个已在使用中的术语的公认的意义或用法，因此，它可以有精确或不精确，甚至有真假之别；而规定性定义只具有规定或约定的性质，因此它是谈不上有真假之别的。

现在让我们回头来看看，在两个理论之间是否有可能满足理论还原的第一个要求，即"$T_2$ 上的术语能通过 $T_1$ 上的术语来定义"。不难看出，首先，由于 $T_2$ 上的术语早已在 $T_2$ 中获得了某种确定的、专门的意义（例如，生物学中的术语"细胞"、"病毒"、"有丝分裂"等，在生物学中原先已获得了它的确定的、专门的意义），因此，我们不可能通过 $T_1$ 上的术语（如物理—化学术语）对它们作那种任意的规定性的定义。其次，我们也很难指望可以通过分析性定义来达到目的。因为一个理论中的术语通常是在这个理论中被定义或赋予意义，恰如生物学中的术语是在生物学理论中被定义，赋予它以生物学上的意义，因而我们很难或不可能通过此理论以外的别的理论（如物理—化学理论）中的术语所构成的表述，使它与该术语（如生物学中的术语）具有相同的意义。像下面这样的断言更明显地是错误的：“对于每一个生物学术语，都存在某种物理—化学术语的表述，这一表述与该术语有相同的意义。”

这样说来，理论还原的第一个要求就是不可能实现的。既然如此，还原论者又如何能够枉谈科学理论的还原的可能性呢？并且牛顿派的科学家在牛顿纲领的指导下又如何能够在200年间确实把科学理论推向前进了呢？实际上，如果我们以为历史上的牛顿派或更现代意义上的还原论派所主张的还原论，竟然是企图通过上面所说的途径来实现科学理论的术语还原，那将是荒谬的。因为他们并不曾主张可以通过给出分析性定义或任意的规定性定义，就能实现科学理论术语的还原。事实上，在科学中或科学哲学中，还往往在另一些不太严格的意义上使用“定义”这个词儿。例如，现代操作主义者强调，科学中的任何术语，必须能给出它的操作定义才具有意义，或者说，科学术语的意义最终必须通过操作定义而给出。然而，这种“操作定义”既不是规定性定义，也不是分析定义，一般说来，一个操作定义至多能够给出一个科学理论术语的部分意义。此外，对于还原论主张来说，更具重要性的是“外延性定义”。所谓“外延性定义”，它仅仅是要求定义项与被定义项之间有相同的外延，而并不要求两者有相同的意义或内涵。而既然要求外延相同，因而在外延性定义中，势必要求在定义项中给出对于被定义项来说是充分而且必要的条件。因此，在外延性定义中，定义项与被定义项同样满足等值关系，即满足 $D_S \leftrightarrow D_P$。外延性定义的格式可以表示为：“$D_S$ 和 $D_P$ 具有相同的外延。”正是这种外延性定义通常被机械论者或还原论者引用来作为他们所谋求的术语还原的模板。他们设法表述了某些生物学术语之适用性的充分而必要的物理、化学条件，也就是说，他们给出了这些生物学术语的外延性定义，由此他们就强调：他们通过这种方式使生物学术语还原成了物理—化学术语。这样的例证已经不少，生物化学的成就已经揭示出了像青霉素、睾丸素、黄体酮、胆固醇等等许多这些物质的复杂的分子结构，从而就为用纯化学的术语（如化学分子结构式）来“定义”这些生物学术语提供了条件。举例来说，像尿酸和咖啡因的分子结构式见图2－1。

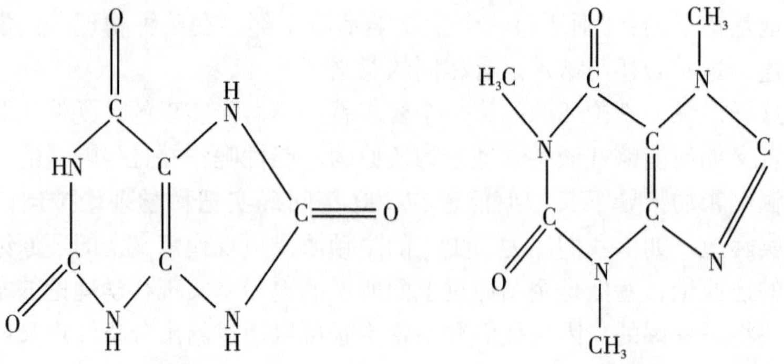

尿酸　　咖啡因

图2-1　尿酸和咖啡因的分子结构式

当然，这样做出的“定义”，只能是外延性定义，它并不企图表达那些术语的本来的生物学意义。例如，“青霉素”这个术语的原来意义中包含着它是由一种叫作绿霉菌的真菌所产生的抗菌物质的意思；睾丸素原来的意思是由睾丸所产生的雄性激素。但现在却是用某种特殊的化学分子结构式这种纯化学的术语来“定义”了它们。这种“定义”全然没有顾及这些术语原来的生物学含义。它只是强调：凡是我们所知道的青霉素都具有如此这般的化学结构，而具有如此这般化学结构的物质也就是青霉素；两者的“外延相同”。当然，这样的“定义”不可能是严格意义下的定义，因为一旦我们接受这种化学上的表征是生物学术语的新定义，那就实际上意味着那个被定义的术语的意义或内涵上有了改变，而且也包含了外延上的改变。因为在新的定义之下，不但可以把有机系统所产生的，而且还可以把实验室和工厂中通过化学方式所合成的某些东西也叫作青霉素或睾丸素了。这种“外延性定义”看起来也像是一种描述性定义，但实际上它并没有把一个已在使用中的术语的原来的意义严格地陈述或描述出来，而是部分地改变了它的内涵和外延。严格意义下的定义，正如著名的波兰逻辑学家列斯涅夫斯基（1886—1939）所首先指出的，它应满足“可消取性准则”和“非创新性准则”。

所谓“可消取性准则”和“非创新性准则”，对它们可以作如下形式化的表述：

可消取性准则：在某一理论中引入一个新符号的一个公式S，它满足可消取性准则，当且仅当：如果 $S_1$ 是一个新符号在其中出现的公式，就有一个此新符号不在其中出现的公式 $S_2$，使得 $S \rightarrow (S_1 \leftrightarrow S_2)$ 是能从该理论的公理和在先的定义中推导出来的。

非创新性准则：在某一理论中引入一个新符号的一个公式 S，它满足非创新性准则，当且仅当：不存在该新符号不在其中出现的公式 T，使得 $S \rightarrow T$ 可以从该理论的公理及在先的定义推导而得，而 T 却不能如此推导而得。

显然，前面所说的那种“外延性定义”并未满足这两个准则；相反，这种外延性定义的建立，本身构成一个经验上的发现，原则上它应表述成一个经验定律而不仅仅只是通过语义的逻辑分析而做出了一个术语的同义表述。然而，一旦这种由经验发现所建立起来的外延性定义获得了公认或接受，那么它确实就实现了“$T_2$ 上的术语通过 $T_1$ 上的术语来定义”的要求，即实现了还原论者所谋求的理论术语的还原。

由上面的分析，我们就应得出结论：既然术语的还原不可能通过分析性定义或规定性定义的道路来实现，而只能通过给出外延性定义来达到；而外延性定义的建立本身是一种经验发现的结果，它不可能仅仅通过思考术语的意义或其他任何非经验的程序来解决，而往往是一种非常困难的具体科学研究的（经验发现的）结果。所以，关于理论还原的第（1）个要求能够成立或不能成立，是不能由先于经验证据的纯逻辑考虑来决定的；逻辑上并没有充分的理由保证任何情况下要求（1）一定能够成立或一定不能成立。

再看理论还原的第（2）个要求：“$T_2$ 上的规律能通过 $T_1$ 上的规律导出”（或称“规律的还原”）是否可能被满足或在什么意义下才可能被满足。

为了便于讨论，让我们假定 $T_2$ 是生物学理论，$T_1$ 是物理—化学理论。典型的生物学规律是要描述生物学现象之间的联系；生物学中描述生物学现象都要使用生物学术语。因此，典型的生物学规律（让我们暂且假定它是全称规律）将具有如下形式：

$$(X)(B_1(X) \rightarrow B_2(X))$$

其中 $B_1$、$B_2$ 是用以描述生物学特征的生物学术语。同样理由，典型的物理—化学规律的陈述将具有如下形式：

$$(X)(P_1(X) \rightarrow P_2(X))$$

其中 $P_1$、$P_2$ 是用以描述物理—化学特征的物理—化学术语。

尽管我们不能笼统地说，由于生物学定律中包含有生物学术语，而物理—化学定律中未包含有生物学术语，因此我们是不可能仅仅从物理—化学定律中逻辑地导出包含有生物学术语的陈述来的，因为这些生物学术语未曾出现在物理—化学定律的表述之中。这样的说法当然大有纰漏。因为逻辑规则 $P \rightarrow P \vee Q$ 允许我们作这样的推演。例如，假定 P 为物理学陈述“金属受热膨胀”，Q 为一个包含生物学术语的陈述“细胞是生命的最小单位”。那么，根据这一逻辑规则，就允许我们从“金属受热膨胀”这个物理学陈述中推演出“‘金属受热膨胀’或者‘细胞是生命的最小单位’”这样的陈述。但是，在这样的推演中，Q 是可以与 P 在内容上毫无联系的、没有特征性的任何陈述。所以，从“金属受热膨胀”也可以推演出“‘金属受热膨胀’或者‘细胞不是生命的最小单位’”，或者诸如“‘金属受热膨胀’或者‘小猫变成了狮子’”等等其他陈述。由于在这样的推演中，包含有生物学术语的肯定语句和否定语句都可以从物理学陈述中推出，所以，从这个意义上，物理学陈述不能为任何特定的生物学现象提供解释；从物理学规律也不可能推导出任何特定的生物学规律。即仅仅从 $(X)(P_1(X) \rightarrow P_2(X))$ 这类语句（在这类语句中包含物理学术语而不包含生物学术语）中，我们不可能推演出像 $(X)(B_1(X) \rightarrow B_2(X))$ 这样的生物学规律陈述。为了要能够从物理—化学规律中推演出生物学规律，我们至少需要引进某种附加的前提，这些附加的前提能够把物理—化学术语与生物学术语连接起来。这里的逻辑境况与我们曾经论述过的“科学的理论结构”中所讲到的逻辑境况是相同的。在讨论科学理论结构的时候，我们已经看到，为了能够从内在原理中导出经验规律，必须要有某些桥接原理；由于桥接原理把内在原理中的理论语词与经验规律陈述中包含的观察语词连接起来了，就使得我们能够借助于桥接原理而从内在原理中导出经验规律。现在为了实现理论还原的第（2）个要求：“$T_2$ 上的规律能从 $T_1$ 上的规律导出”，即实现规律的还原，我们同样需要桥接原理，它把 $T_1$ 中的特征性术语与 $T_2$ 中的特征性术语桥接起来。在我们所讨论的特殊场合下，就是要有一些能够把生物学术语与物理—化学术语连接起来的桥接原理。不难理解，这种桥接原理同样要依靠经验的发现，而不可能仅仅通过语义分析和语义约定（规定）来解决。如果我们以 B 表示生物学术语，以 P 表示物理—化学术语，那么，这类桥接原理的较简单的和典型的形式就是：

$$(X)(B(X) \rightarrow P(X)) \qquad (1)$$

$$(X)(P(X)\rightarrow B(X)) \tag{2}$$

$$(X)(B(X)\leftrightarrow P(X)) \tag{3}$$

等。当然，还可能有更加复杂的形式。在已列的形式中，其中的（3）式实际上也就是我们前面所讨论过的外延性定义的形式；外延性定义在理论的还原中实际上起到了某种桥接原理的作用。在有了这些桥接原理以后，那么借助于这些桥接原理作为附加的前提，我们就能够从物理—化学规律中导出生物学规律来。例如：

$(X)(P_1(X)\rightarrow P_2(X))$——物理—化学规律

$(X)(B_1(X)\rightarrow P_1(X))$——桥接原理

$(X)(P_2(X)\leftrightarrow B_2(X))$——桥接原理

---

$(X)(B_1(X)\rightarrow B_2(X))$——生物学规律

但是，如果没有这些桥接原理，那么我们是无论如何也不可能从纯粹的物理—化学规律中导出生物学规律来的。这就是说，要想实现理论还原的第（2）个要求，即“$T_2$ 上的规律能从 $T_1$ 上的规律导出”（规律还原），必须以引进适当的桥接原理为条件，而这些桥接原理完全是附加的并且是有待于经验发现的，它们本身原来并不存在于还原理论 $T_1$ 之中。发现桥接原理主要是连接 $T_1$ 和 $T_2$ 之间的边缘学科的任务。发展边缘学科对于科学进步而言是极其重要的。

综上所述，科学理论的还原实际上可以更准确地归结为如下命题：

设有理论 $T_1$ 和 $T_2$，说 $T_2$ 在 $T_1$ 上得到还原，当且仅当：（1）$T_2$ 上的术语能通过 $T_1$ 上的术语来定义，而且（2）$T_2$ 上的规律可从 $T_1$ 上的规律导出。对于理论还原所包含的这两个必要而充分的条件的进一步理解则是：对于条件（1）中所说的“定义”，可以允许是某种“外延性定义”；对于条件（2）中所说的“导出”，则是允许引进必要的“桥接原理”作为附加前提的“导出”。

这就是历史上以及当代科学中的还原论者所想要表述和在实践中所试图实行的“理论还原”。我们在这里只不过是作了某种概念的重构和澄清工作罢了。

所以，理论还原是否可能？回答是：对于上面所说的意义上的还原，那是可能的，而不管它所涉及的是复杂系统还是“简单”系统。逻辑上并没有表明复杂系统是不可还原的。因为逻辑上并没有表明复杂系统不服从这样的逻辑，因而，从逻辑上说，对于复杂系统而言，理论还原同样是可能的。

实际上，物理学（包括工程物理学）所研究的许多系统也是十分复杂的。例如，内燃机燃烧室里的燃烧过程，它复杂吗？实际上它极端复杂。它不但瞬息万变，而且受到许许多多内外不确定因素的影响。炮弹的运行过程复杂吗？如果我们试图直接对它做出“如实的”全面反映，那么它也将复杂得使我们无从下手对之做出研究。对于科学研究来说，把研究对象简化将是不可避免的。我们曾经在《“抽象与具体”方法之重构》一文［载《中山大学学报》（哲学社会科学版）1995 年第 1 期］或见本丛书之二第二章第二节）中曾经描述说，方法论上有一条重要的原理，我把它称之为“不兼容原理”，其主要内容是说：“研究对象的高复杂性与关于所研究的对象的理论的高精确度不兼容。”由此得出结论，由于自然界和社会的过程大都是十分复杂的，对于这些复杂过程本身，我们不可能直接构建出关于它们的高度精确的理论，我们必须把研究对象简化。在科学中，抽象方法的实质就是把研究对象简化，抽象方法的一个重要类型是模型化方法；模型化方法的实质就在于：通过构建与真实世界对象相似的但却又大大简化了的模型，来研究复杂对象或对象系统，以便为它们构建出相应的精确的理论；精确的理论都是关于模型的理论，它们描述的是模型，而不是直接关于自然界本身；科学中所谓精确的理论，其主要含义仅仅是指理论中所使用的语言是精确的；由于这些语言是用来描述模型的，因而也可以说该理论对于模型而言是精确的。但这并不意味着，理论的描述与自然现象之间一定是精确符合的。相反，由于模型是对自然界复杂对象或对象系统的高度简化了的类似物，因而关于模型的精确理论也常常不得不以偏离自然界的实际过程或现象作为它的副产品或代价。科学的目标最终是要求能用精确的理论来理解（解释和预言）实际发生的自然界的复杂现象和过程。那么科学又是如何来实现这一目标的呢？方法论告诉我们，从简化模型中得到的理论定律和定理常常偏离实际，但这并不“可怕”；在科学中，解释实际的复杂现象，通常是通过“从抽象上升到具体”的道路来实现的。具体来说，它通常是通过包括引进种种辅助假说在内的特定的科学解释的结构，运用从简化模型下获得的诸多“自然定律”的有序组合，结合相关的条件陈述，来解释复杂的自然现象和过程。这实际上就是一切严密的自然科学所走过的方法论历程，不但如物理学、化学曾经走过了这样的历程，现代生物学的发展也正经历着这样的历程。试图不通过简化的模型，就想直接构建出与自然界纷繁复杂的现象或过程相一致的精确理论是不现实的；试图让从简化模型下所获得的“自然定律”与复杂的自然现象直接一致也是不现实的①。从我们本章往后的分析中我们还将知道，理论还原的现实可能性，与理论的抽象性、成熟性，以至于是否达到“准公理化”的形式水平是密切相关的。以上的分析，只是从一个方面表明理论还原是可能的，而没有理由表明它是不可能的。然而，通过以上分析，同时又从另一方面告诉我们，由于实际上只有通过给出适当的“外延性定义”才可能实现术语的还原，并且只有通过给出适当的“桥接原理”才有可能实现规律的还原，而给出适当的“外延性定义”和“桥接原理”都意味着经验的发现。因此，对于任意两个特定的理论 $T_1$ 和 $T_2$ 之间是否能够实际上实现还原，如生物学理论实际上是否能够被还原为物理—化学理论，这是一个经验发现问题，并没有任何先验的理由可足资予以证明；只有通过生物学、生物化学和生物物理学等方面的艰苦研究才可能促其实现。在这过程中，方法论学者的任务，是进一步探索其可能实现的有效途径。

上面的论述已经从一般方法论的理论上、逻辑上，讨论了科学理论还原的可能性。分析表明，理论还原是可能的，而且它还为实现理论还原揭示了某种思路，并指出了理论还原的一般逻辑结构。从理论还原的逻辑结构的分析中，我们又看到，这里的确存在着一种与科学理论的结构完全相似的逻辑境况，这里的还原理论 $T_1$ 相当于“内在原理”或“理论层面”所处的位置，被还原理论 $T_2$ 则相当于“导出原理”或“经验层面”所处的位置；我们只有通过适当的桥接原理（其中包括外延性定义）才有可能从 $T_1$ 导出 $T_2$，即实现理论的还原（$T_2$ 还原为 $T_1$），而这些桥接原理是有待经验发现的，它们事先并不包含在理论 $T_1$ 之中，并且在事后也不能被纳入在理论 $T_1$ 之内。因为桥接原理的特点是把理论 $T_1$ 中的特征性术语与理论 $T_2$ 中的特征性术语连接起来。如果不引入必要的桥接原理，就试图从 $T_1$ 中导出 $T_2$，即实现理论的还原，那是根本不可能的。

---

① 详细内容请参见本书第四章第二节。

# 第四节　强还原与弱还原

虽然从逻辑上说，科学理论的还原是可能的，但是，科学理论还原的实际情况又如何呢？从科学史以及当代科学的实际中，我们看到，虽然经过了数百年间历代科学家们的艰苦努力，然而迄今为止，像上面所说的那种科学理论的还原，即仅仅依靠引进适当的桥接原理，就能实现理论还原的情况，还是十分罕见，甚至可以说迄今尚无完整的实例的。像上面我们所说的那种形式的理论还原，可以称之为强还原。强还原的特点就在于：若以 $B_P$ 表示桥接原理的集合，则 $T_1 \wedge B_P \vdash T_2$（符号“$\vdash$”表示可推出）。科学中大多数已出现的理论还原的实例，都不具有如此严谨的形式；它们通常都未能仅仅通过既有理论 $T_1$ 和适当的桥接原理集 $B_P$ 的合取就导出 $T_2$，而往往是在由还原理论和被还原理论所构成的新的理论结构中，作为内在原理的，不但有还原理论 $T_1$（$T_1$ 中原有的原理），而且还增补了另外的附加原理集 A。由 $T_1$ 和 A 的联合作为内在原理，再通过适当的桥接原理集 $B_P$ 而导出被还原理论 $T_2$。这些附加原理集 A 虽然原来并不包含在理论 $T_1$ 之中，但现在却处在与理论 $T_1$ 中的原有原理相并列的位子上，并共同构成新系统中的内在原理。并且，这些附加原理通常仍然能用 $T_1$ 领域中的术语来予以表述。所以，这些附加原理往往可以被看作是理论 $T_1$ 的补充和附加。当能够借助于这些附加原理的集合 A 作为补充的前提，结合着还原理论 $T_1$ 并通过适当的桥接原理集 $B_P$ 而能够导出被还原理论 $T_2$ 时，我们往往还是能够在较弱的意义上声称：“$T_2$ 在 $T_1$ 上得到了还原。”这种形式的还原可称之为“弱还原”。弱还原的一般特点是：$T_1 \wedge A \wedge B_P \vdash T_2$，并且 $T_1$ 与 A 一起构成新系统的内在原理。虽然从逻辑上说，强还原也并非是不可能的，但是直到目前为止，在科学中所实现的所谓“理论还原”，绝大多数都是这种形式的弱还原。例如，在气体分子运动论中，作为内在原理的，并不只是牛顿力学中的既有原理。在它的内在原理中，还包括诸如“气体均由分子构成”；“同类气体的分子质量均相等”；“气体分子之间除了碰撞以外没有其他的相互作用，也不受重力的作用”；“气体分子都在不停地运动着”；“气体分子沿着各个方向的运动的机会是均等的，没有任何方向上气体分子的运动会比其他方向上更为显著”等等附加的假说或原理。这些附加假说或原理并不包含在牛顿力学的原理之中，但却仍然能够用力学的术语予以描述。因此，这些附加假说或原理仍然具有“力学性质”。当我们能通过这些附加假说集和牛顿力学的结合，再借助于适当的桥接原理集 $B_P$（其中包括分子撞击容器壁的统计效果形成压强，并由此可导出 $P=\frac{nm}{3}\overline{V^2}$，此外还有如 $\frac{1}{2}m\overline{V^2}=\frac{3}{2}KT$ 等等。注意：这些桥接原理并不具有简单的力学性质；它们的特点在于把力学量 m、V、f 等与热力学参量 P、T、Q 等连接起来。正如我们前面所已经指出，没有这一类桥接原理，是无论如何不可能实现理论还原的)，终于能够导出气体定律和热力学定律的时候，我们还是能够（在较弱的意义上）说，我们实现了这些理论（如热学理论）的力学还原。

## 第五节　还原论纲领是一种进步的科学纲领

在科学中，科学理论还原的理想虽然由来已久，并且已经取得的成果也不可谓不大，但是，直到目前为止即使在弱还原的意义上，经过仔细研究的有分量的理论还原的实例，也还没有超出物理学的范围。至于在以复杂性系统为对象的科学，如生物学中，迄今至多只实现了部分的还原，它离真正的理论还原还有着十分遥远的距离；可以说，试图把生物学还原为物理—化学的努力迄今尚未成功。然而，尽管如此，还原论纲领显然是指导科学进步的积极的纲领。理论还原的每一步成功，即使是局部的成功，如找到某种外延性定义或桥接原理，都会构成科学理论的巨大进步。而反还原论的纲领却是在某种程度上起到了消极的作用，它阻挡人们去主动地探索合适的“外延性定义”和“桥接原理”，以便积极地去实现理论的还原。所以，仅仅以数百年来的努力，生物学理论仍未能还原为物理—化学理论作为“依据”，就断言生物学和其他复杂系统的科学具有“本质上的不可还原性”，这种思维方式是不可取的，即使加上了“实践是检验真理的唯一标准”的幌子，以“实践证明了这个结论”这类庸俗哲学的思维方式也是不可取的。因为逻辑上摆着一个浅显的道理，为了实现某一个目标或方案，经过多次（甚至数百次、上千次）的努力而未获成功，并不等于它不可能获得成功；经过多次努力均遭失败，并不等于它必然失败。因为很可能在研究中只是在其中的某一个环节或几个环节上出了问题。一旦在这些环节上进行了修改或获得了技术上的突破，它就能变失败为成功。众所周知，历史上曾经出现过一种抗梅毒药——606，即“洒尔佛散”，虽然由于医药的进步，现在已经有了比它更加安全有效的药物，因而，迄今它已几遭淘汰，但在历史上它却曾经为治疗相关的疾病起过积极的作用。据说，这种药物之所以被命名为“606”，就是因为它曾经遭受了600多次试验的失败，直到第606次试验才获得了成功。怎么能说经过多次努力未获成功就“不可能”获得成功，多次失败就“必然”失败呢？仅仅依据经验（实践经验）不可能做出必然性的结论，这本来是一个很清楚的道理。但是，在我国，试图仅仅从有限的实践中就做出“必然性”的断言，似乎已经成了某种庸俗哲学所导致的传统思维方式中的劣根性。就以我国的社会科学研究来说，我们屡屡见到这样的“论证”，他们列举了太平天国、戊戌政变、辛亥革命，以及20世纪某些企图走“第三条道路”者，都先后失败了，只有中国共产党领导下的革命取得了胜利，于是就简单地“推出”结论（实为断言）：在中国，“资本主义道路走不通”；“只有社会主义才能救中国”。我们这里不去讨论这个结论如何，但仅就这种“论证”的方式而言，却实在说不上“水平”。如果中国的社会科学的研究总摆脱不了这种思维方式，那将是十分可悲的，它将永远不可能摆脱落后的局面。然而，十分不幸，我们至今仍常常从某种“标准”的文献中，看到这种“论证”方式或思维方式（例如，在1991年7月1日某领导人纪念中国共产党七十周年的那个著名的“讲话”中）。在我国，在复杂性与系统科学哲学的研究中，我们似乎也令人遗憾地看到了这种思维方式。这种思维方式同样也阻挡科学的进步。当前，一些人，为反对宪政民主，也同样采取了这种庸俗哲学的思维方式。

正如我们所已经指出，科学理论的还原是可能的，科学理论的还原，即使是局部的还原，都意味着科学发展中的重大进步。还原论纲领是指导科学进步的纲领。迄今科学理论之还原的理想已愈来愈吸引了科学家们的注意力，并且不但在物理学，而且在化学和生物学中也已取得了愈来愈令人兴奋的长足进步。在这种条件下，科学哲学家的重要任务应是力求探明科学理论还原的一般结构及其逻辑，以促进科学的进步。

# 第六节　当前把生物学还原为物理—化学的困难之所在

在科学中，追求科学理论还原的理想由来已久，迄今，它在物理—化学中所取得的成就，已为举世公认。但在生物学领域中虽经几代人的努力，却仍然困难重重。何故？原因可能是多方面的。但从科学方法论的角度上说，在作者看来，其中一个关键性的原因，是生物学目前尽管发展很快，但理论的发展仍然尚未达到高度的抽象统一，以至达到“准公理化”的水平上。据有关专家介绍，迄今科学家已经发现的自然界的有机化合物多达1000余万种（还有更多的尚未被发现），但在生物学内部，这些关于有机物的概念仍然相互独立，更不能仅仅通过少数几个基本的生物学概念作为基础来定义它们。在这种条件下，对于自然界的每一种有机化合物，就需要我们单独地做出一种独立的经验发现——发现它们的化学分子结构式，然后才能对这一种有机化合物给出一种“外延性定义”。但自然界的有机化合物有数千万种甚至更多，即使我们迄今已经发现了上万种、十几万种有机物的化学分子结构式，即找出了它们的“外延性定义”，但对于把生物学还原为物理—化学的要求而言，仍然如九牛一毛，无济于事。生物学中的规律也是如此，这些规律尚不可能通过生物学自身中的少数基本规律逻辑地推导而得。这些都造成了理论还原的真正障碍。这种情况，与物理学中各个分支学科理论的成熟状态，即使是经典物理学中的状态适成对照。在物理学中，尽管各种各样的物理学概念及相应的物理学术语和物理量为数甚众，但基本的物理学概念及基本的物理量却为数甚少。同样地，物理学中的规律（常常是定量规律）虽然也为数甚众，但它作为准公理化体系，其中作为似公理的基本定律也为数甚少。因此，在这样的具有准公理化体系性质的理论系统中，我们只要明确了少数几个基本概念，理论系统中的其他许许多多概念就可以在理论中用那几个少数的基本概念来定义；我们只要确定了那几个基本物理量，我们就可以把所有其他的物理量都用那少数几个基本物理量的量纲来表示；我们只要从少数几个作为似公理的基本定律出发，就能推导出理论中的所有其他定律（定理）。对于成熟的理论形态——具有准公理化体系的理论形态，科学理论还原的障碍就要小得多和少得多了。因为我们只要对那少数几个基本概念找到它们的外延性定义，再找到少数几个适当的桥接原理而能够从 $T_1$ 中推导出 $T_2$ 中的少数几个基本定律，我们实际上就可算“完成了”理论的还原了。例如，在对热力学作力学还原的过程中，我们只对少数几个热力学概念（术语）确定了它的外延性定义，如把“温度”视作分子平均平动动能的量度等。并且通过把单个分子服从牛顿定律等假定，再通过适当的桥接原理集，最后能导出热力学的三条基本定律（第一定律、第二定律、第三定律）时，我们实际上就导出了全部热力学。热力学理论就被“漂亮地”还原为力学了。历史上，光学、电磁学的还原也是如此。这些还原，就不必像当前的生物学理论还原那样做得如此“累赘”，需要对每一个生物学术语去寻找一个合适的“外延性定义”，以至于使得这一过程将永远不会有完结之时，从而也就永远不会有完成理论还原的可能。所以，从方法论上说，为了要能够实现把生物学理论还原为物理—化学理论，其首要的条件还在于要着力发展生物学本身，使之逐步达到只需要从少数几个基本概念和基本规律就能导出全部生物学理论的准公理化的水平上。不达到这一步，即使找到成千上万个像青霉素、睾丸素这类生物学术语的物理—化学表达式（某种外延性定义），仍然将是无济于事或作用甚微的。好在自 20 世纪 50 年代以来，生物科学正在逐步走上这条道路。自从诞生分子生物学以来，它已将生物学的各种遗传性状归因于 DNA（脱氧核糖核酸）和 RNA（核糖核酸），并初步地确定了遗传信息传递的中心法则可简单地表述为 DNA→RNA→蛋白质，还有三联密码的作用等等，而且进一步弄清了核酸的化学成分和结构。核酸不过是由四种不同的碱基 A、G、T、C 配对所组成。尽管其中的许多复杂过程尚未搞清楚。因而还很难说生物学理论迄今已发展到了准公理化的水平上，但它确实向我们提供了一种希望。然而，即使如此，我们在方法论上仍然应当明白：即使有朝一日生物学理论确实已经发展到了准公理化形式的成熟的水平上，也并不等于已有了把生物学理论还原为物理—化学理论的“必然性”。因为正如我们一再指出的，要实现这种理论还原还必须以引进合适的“外延性定义”和“桥接原理”作为必要的条件。而合适的外延性定义和桥接原理必须依靠经验发现，逻辑上并无保证它们一定存在或一定能够找到。

## 第七节　还原的意义，还原与整合

科学家们为什么会被“还原的理想”所吸引，以至于经典时期的科学家们总是想对各门科学实现力学的还原，而现代的科学家们也总是力图使物理学中的各门学科，甚至把化学和生物学都实现“量子的还原”？原因就在于这种性质的科学理论的还原，乃是实现科学理论统一的一条基本途径；而科学理论的统一，正如我们在“科学进步的三要素目标模型”中已经指出，它乃是科学的一个基本目标。

当然理论的还原并不是实现科学理论之统一的唯一的方式或途径。正如我们在讨论科学目标时所已经指出：“科学的方法无非是实现科学目标的手段……但有利于科学向着它的那些目标前进或接近的手段可以是各种各样的。”从迄今的眼光看来，实现科学理论之统一的另一种重要的方式或途径，乃是理论之“整合”。整合的方法（methods of integration），与还原的方法是有着原则不同的。所谓“理论的还原”，它乃是通过术语的还原和规律的还原的方式，使一个理论能从另一个理论中导出，从而使一个学科的问题能用另一个学科的理论作更深层的理解，并通过把许多学科的理论向同一个学科的理论做还原的方式，使科学理论得到统一。而“理论的整合”却不同，它并不是将一个学科中的问题归结为另一个学科的问题而做出深层的理解，而往往是将各个学科中的问题放到更加广阔的脉络中寻找对它们的统一的（一致性的）或系统性的理解。因此，整合的结果，往往是产生理论的融合、合并乃至产生新的综合性的新学科。例如，在达尔文进化论出现以前，在比较解剖学、胚胎学、古生物学、生物地理学、分类学等学科中有许多现象和问题，被各门学科各自分别地研究着，或至少是被注意到了，甚至还发现了这些领域中许多规律的相似性（或“同形性”）。而达尔文却是把这些现象和问题以及已有的知识，放到了更加广阔的脉络中试图寻找它们的统一的、一致的或系统性的理解，终于建立了以自然选择理论为杠杆的全新的生物进化理论，从而实际上使得比较解剖学、胚胎学、古生物学、生物地理学、分类学甚至生态学等学科实现了一次伟大的综合，使这些学科中的大量问题得到了系统性的、一致性的理解。同样，在现代分子生物学理论建立以前，在遗传问题上已经有三个不同的学派发展着三种不同的理论：结构学派的理论、生化学派的理论和信息学派的理论。但以沃森和克里克为代表的现代分子生物学家，却把这些理论所涉及的现象和问题放到更加广阔的脉络中予以理解，终于提出了某种系统的、全新的理论，这实际上是对以往的三种理论实现了整合，达到了对现象的更深刻而一致的理解。原则上，像当代的某些横断科学，如系统论、控制论、信息论的产生，也都是“整合”结果。当然，在科学理论走向统一的历史道路上，“整合”和“还原”这两种方式并不是相互排斥，它们有时候是可以相互重叠的。例如，分子生物学的出现，既是在某个角度上实现了“整合”，同时又在另一个角度上实现了（至少是部分地实现了）“还原”（把生物学部分地还原为物理—化学）。另外，它们还可能相互补充或者在一定条件下相互取代。亨普尔在讲到把生物学还原为物理—化学的艰难努力以及这种艰难努力是否会唯一地沿着还原的方向走下去，以至于可以断言“生物学终将被还原为物理学和化学”的时候，就曾经清醒地指出过：这“需要慎重对待”。“因为在未来的研究进程中，生物学和‘物理与化学’之间的界线，就像我们这个时代的物理学和化学的界线一样，也许会变得愈来愈模糊不清。未来的理论很可能要使用一些全新的术语来表达，而使这些新术语发挥作用的综合性理论将既能给今天叫作生物学的现象，又能给今天叫作物理的和化学的现象提供说明。就这样一个综合的统一理论来说，物理—化学术语和生物学术语的区分对其词汇可能就不再会有多大的适用性了。而且那种要把生物学还原为物理和化学的观念也将失去它的意义。”①

迄今为止，由贝塔朗菲等人及其后继者所奠基和发展起来的“一般系统论”的理论，实际上已成为某种关于“科学理论之整合”的方法学理论。贝塔朗菲在谈到构建“一般系统论”的背景时指出：“这样或那样的压力迫使我们必须处理所有知识领域中的复杂的事物、‘整体’和‘系统’。这涉及科学思维的重新定向。”② 贝塔朗菲为了寻求他所说的不同于“还原论”的“科学思维的重新定向”，他认为最重要的基础是要寻找“不同领域的规律的同形性。用所谓‘形式的’说法，即寻找科学的概念

① 亨普尔：《自然科学的哲学》，上海科技出版社 1986 年版，第 119 页。

② 贝塔朗菲：《一般系统论：基础、发展、应用》，社会科学文献出版社 1987 年版，第 2 页。

结构时这意味着我们所用的图式的结构一致性。”[1] 因此，一般系统论实际上“是在探索先前没有过的一种科学说明和理论，在探索比各种专门科学更高的一般化”[2]。对此，贝塔朗菲十分有信心地指出：“我们当然能够为现实的不同层次或阶层建立科学规律。这里用‘形式方式’（卡尔纳普）的说法，我们找到了有助于科学统一的、不同领域的规律和概念结构的对应性和同形性。用‘物质的’语言说，这意味着世界（被观察的现象的总体）显示出结构的一致性，表现在它的各层次或领域的同形秩序痕迹中。”[3] 根据这样的设想和目标所构建起来的一般系统论，不但它本身成了科学整合的结果，而且反过来又成了启发和指导科学整合的一种方法理论。正如贝塔朗菲所指出：一般系统论，“它的主题是表述和推导对一般‘系统’有效的原理”[4]。“如果我们提出这个问题并恰当地给系统概念下定义，就（会）发现适用于一般化的系统的模型、原理、规律是存在的（不管系统的特定种类、元素和包含的‘力’）。”[5] 他认为正是由于一般系统特征的存在，“结果就出现了不同领域中的结构相似性或同形性。”[6] 虽然这些不同领域“是完全不同的，而且原因机制也不同”，“但数学定律是相同的”[7]。由于一般系统论本身是一种整合的理论，因此，它又成了一种研究科学“整合”的方法论。贝塔朗菲指出：“因此看来系统的一般理论应是一种有力的工具，它一方面要提供能在不同领域应用并转移的模型，另一方面还应防止往往妨碍这些领域进步的那种含混的

---

① 贝塔朗菲：《一般系统论：基础、发展、应用》，社会科学文献出版社 1987 年版，第 40 页。

② 贝塔朗菲：《一般系统论：基础、发展、应用》，社会科学文献出版社 1987 年版，第 11 页。

③ 贝塔朗菲：《一般系统论：基础、发展、应用》，社会科学文献出版社 1987 年版，第 72 页。

④ 贝塔朗菲：《一般系统论：基础、发展、应用》，社会科学文献出版社 1987 年版，第 27 页。

⑤ 贝塔朗菲：《一般系统论：基础、发展、应用》，社会科学文献出版社 1987 年版，第 27 页。

⑥ 贝塔朗菲：《一般系统论：基础、发展、应用》，社会科学文献出版社 1987 年版，第 27 页。

⑦ 贝塔朗菲：《一般系统论：基础、发展、应用》，社会科学文献出版社 1987 年版，第 27 页。

类似性。"[①] 所以，"一般系统论还可以进一步成为科学的重要的调整机构。不同领域存在类似结构的规律，所以才可以对比较复杂、不易处理的现象使用显然简单而且有效的模型。因此从方法论角度，一般系统论应当是控制和促进某些原理从一个领域到另一个领域转移的重要手段，同时在相互隔离的不同领域中不再有必要再三重复发现相同原理"[②]。作为探究不同领域的"同形性"的一种结果，现代系统论学家构建了所谓"开放系统理论"。贝塔朗菲指出："开放系统理论是一般系统论的一部分。这个学说涉及的是用于一般系统的原理，不论这些系统的成分性质如何，它们的支配力量是什么。有了一般系统论我们就到达一个境界：不再谈论物理和化学的实体，而是讨论具有完全一般性质的整体。但是，开放系统的某些原理仍然可以成功地在广阔的领域里运用，从生态学（物种之间的竞争与平衡）到人类经济以及其他的社会学领域。"[③] 贝塔朗菲设想："因此开放系统理论是一种能把同一概念下的多种多样的异质的现象结合在一起，并且是能够推导出定量规律的统一原理。我认为这个预见总的看来是正确的，已经为大量的研究所证明。"[④]

十分明显，贝塔朗菲所力图构建的一般系统论实质上是一种力图通过"整合"的方法实现科学统一的理论，并且是一种企图探讨科学理论整合的方法论理论。但是，同样十分明显的是，正如实现科学理论的还原并没有先验的逻辑理由可足资予以证明一样（因为外延性定义和桥接原理都是有待经验发现的），要说一切科学理论必然能够通过"整合"的方法来实现，同样是没有任何先验的逻辑理由可足资予以证明的。因为所谓不同领域的规律或结构的"同形性"同样是要依靠经验来发现的。所以，当贝塔朗菲把一般系统论与逻辑相提并论，认为"它在未来科学中注定要起类似于亚里士多德逻辑学在古代科学中所起的作用"，那是过于夸张

---

① 贝塔朗菲：《一般系统论：基础、发展、应用》，社会科学文献出版社 1987 年版，第 28 页。

② 贝塔朗菲：《一般系统论：基础、发展、应用》，社会科学文献出版社 1987 年版，第 67 页。

③ 贝塔朗菲：《一般系统论：基础、发展、应用》，社会科学文献出版社 1987 年版，第 125 页。

④ 贝塔朗菲：《一般系统论：基础、发展、应用》，社会科学文献出版社 1987 年版，第 125 页。

了。进一步，当他把科学理论的整合看作是科学走向统一的唯一方式，而把科学理论的还原指责为“空想”的时候，那么他显然是错了。

贝塔朗菲之所以如此这般地指责科学理论还原的理想只是一种“空想”，显然是因为他并不理解科学理论的还原结构与还原逻辑，或者说，他未曾对科学理论还原的结构和逻辑做过任何深入的研究。在《一般系统论》一书中，他从未稍稍深入地谈论过科学理论的还原结构和逻辑问题，他甚至从未清晰地指出过，他所说的作为“空想”的“还原”，是不是不允许引进必要的外延性定义和桥接原理的“还原”。所以他在这个问题上经常地摇摆不定。他有时指责还原论是“空想”，有时候却又声言他对理论还原的可能性“留下不答”，甚至他“不声明”还原的设想是不可能的。但从总体上说，他却是把一般系统论所体现的“整合”的方法，看作是与“还原”的方法相对立、相排斥的方法。就这一方面来说，是十分令人遗憾的。虽然作为一个真正的科学家，他十分厌恶宣称自己的理论是“唯一正确的理论”的那种盲目宗派主义的、排他性的做法，他强调：“有一点很重要，即（我所）列举的各种方法都不是也不应是垄断的。科学思维的现代变化的一个重要方面是，不存在唯一的、包罗万象的‘世界体系’，……它不过是这些模型之一，而且正如现代的发展所示，没有一个是彻底的和唯一的。各种‘系统理论’也不过是反映各个方面的模型。”① 但在他的观念之下，只是认为，作为“整合”的方法论理论，他所构建的“系统理论”不是唯一的，“别的系统理论”也可以成为反映世界的某个方面的模型。但对于还原论的方法，他却常常是干脆拒斥的，以至于认为“科学统一……只能通过实际世界的不同层次的结构一致性来实现”，即认为科学统一只能通过“整合”的道路来实现。就这一点而言，实在是过于狭隘化了。

正如我们上面所指出，“还原”和“整合”都是有助于实现或推进科学统一的方法，它们并不是相互排斥、互不相容的；相反，它们是可以相互补充，并在一定条件下可相互取代的。从有助于科学实现其总目标而言，它们都是合理的。我们并没有逻辑上的理由只承认其中的一个而拒斥另一个。而且就迄今的研究进度而言，一般系统论所提供的科学理论整合

① 贝塔朗菲：《一般系统论：基础、发展、应用》，社会科学文献出版社 1987 年版，第 78 页。

的思路并不比科学哲学家所已经提供的科学理论还原的思路更加清晰；相反，在某种程度上甚至更加模糊，以至于贝塔朗菲自己也不得不承认，一般系统论迄今仍不过是“半形而上学”的理论。①

## 第八节　结　论

以上的详细讨论，从方法论上给了我们如下的重要提示：

（1）理论间的还原，即使对于复杂系统而言，并非不可能。当然，为了寻求理论还原，必须寻找合适的思路，以便为实现理论还原提供有效的方法论路标。切不可因为历经努力而未获成功，就轻易断言理论还原是“空想”，或对于复杂系统而言，理论还原“不可能”。对于科学研究而言，应当提倡活跃思路，开路总比堵路好。当然，堵路也并非绝对不好。但是，无论开路或堵路，都应当从方法论上做出有效的分析，指出让人接受这些“路标”的合理性理由。

（2）理论还原只是使科学理论走向统一和深化的一种方法，但不是唯一的方法。所以，也切不可以由于它在历史上曾经取得过辉煌成就，就轻易断言它是“唯一”正确的方法，而排除了寻找其他方法的可能性。这样同样会束缚思路。特别是在有关复杂性系统的理论问题上，既然几经努力而未获成功，就不妨尝试近代科学中已经表明曾经取得过辉煌成就的“整合”方法，达尔文进化论的提出就是“整合”方法取得成功的辉煌一例。或者还可以进一步探索实质上是“整合”方法之某种具体形态的“综合集成方法”等等。拓宽思路，寻求新的方法总是值得提倡的。问题是，对所求的新方法也应当尽量给出合理性的分析，更不要为了提倡新方法而排他性地堵住了本来也具有有效性和合理性的其他方法道路。

（3）正如已经指出，“理论还原”只是追求科学理论统一和深化的一种方法，因此，它只是自然科学研究中的一种方法思路，它原则上不是用来解决作为“复杂系统”的某些工程技术问题的。某些学者以某些复杂的工程技术系统，包括复杂的社会经济管理系统之合理方案的设计、实施为例，来指责“还原论方法”之局限性，这是指错了方向。这表明他们

---

① 参见贝塔朗菲《一般系统论：基础、发展、应用》，社会科学文献出版社1987年版，第31页。

对“还原论方法”之适用性的范围根本未曾作过认真思考。这种指责，就如同指责本来只是用来写字的铅笔何以不能在战争中像原子弹那样炸毁一座城市，从而指责它的“局限性”那样离谱。根据现有的知识背景，对于探求复杂的工程技术系统，包括社会经济系统的设计、实施、运行、管理之合理方案，甚至“最佳方案”，是应当提倡和运用“系统工程”的方法，或者进而探求新的系统工程方法论来予以解决。在这样做的时候，不必指责还原论的“局限性”，因为还原论方法本来不期求解决这类问题。

（4）被还原理论在被还原之前和之后是否发生了某种变化？回答是肯定的。因为根据本文所阐释的科学理论的还原结构与还原逻辑①，无论强还原还是弱还原，理论 $T_2$ 在理论 $T_1$ 上得到还原，都必须以引进必要的外延性定义和桥接原理作为必要条件；离开了外延性定义和桥接原理，理论的还原是根本不可能的。而外延性定义和桥接原理都是经验发现的结果。外延性定义的引入，不但改变了原有理论 $T_2$ 中的术语的意义或内涵，而且也可以部分地改变了它的外延。正如已经指出的那样，在生物学中，“青霉素”这个术语的原来意义中包含着它是由一种叫作绿霉菌的真菌所产生的抗菌物质的意思，睾丸素原来的意思是由睾丸所产生的雄性激素，但现在却是用某种特殊的化学分子结构式这种纯化学的术语来“定义”了它们。这种“定义”全然没有顾及这些术语原来的生物学含义。它只是强调：凡是我们所知道的青霉素都具有如此这般的化学结构，而具有如此这般化学结构的物质也就是青霉素；两者的“外延相同”。当然，这样的“定义”不可能是“保持意义不变”的严格意义下的“定义”，同时它也使这些术语所指称的对象或外延发生了改变。因为一旦我们接受这种化学上的表征是生物学术语的新定义，那么，在这种新的定义之下，不但可以把有机系统所产生的，而且还可以把实验室和工厂中通过化学方式所合成的某些东西也叫作青霉素或睾丸素了。在这种情况下，它的外延扩大了。当然，在新的“定义”之下，外延也并不一定改变或扩大，例如，

① 这种科学理论的还原结构与还原逻辑的论述，首先发表于林定夷《论科学理论的还原——兼评L·贝塔朗菲的反还原论观念》之中，该文载《自然辩证法通讯》1990年第四期；同年在笔者所出版的专著《科学的进步与科学目标》中，以其中的一章“科学的统一：还原与整合”的标题下进一步展开了它的内容。

在分子运动论的情况下，把温度理解为分子平均平动动能的量度，并未改变它的外延。但它的内涵是被改变了或充实了。由于这种改变，所以，当我们说，理论 $T_2$ 在理论 $T_1$ 上得到还原时，并不是简单地意味着能够从 $T_1$（结合着桥接原理 $B_P$）导出 $T_2$，即实现 $T_1 \wedge B_P \vdash T_2$。实际上是从 $T_1$（结合着桥接原理 $B_P$）导出了 $T_2'$，即 $T_1 \wedge B_P \vdash T_2'$。$T_2'$已经在一定程度上不同于 $T_2$。因为它的理论术语的内涵已经发生了某种变化。

（5）从我们关于科学理论的还原结构与还原逻辑的理论性讨论，就可以来合理地理解库恩的所谓“规范变革”前后的两种理论是否可通约的问题。因为从 $T_1 \wedge B_P \vdash T_2'$的意义上，$T_1$ 与 $T_2'$之间显然是可通约的。但 $T_2'$不同于 $T_2$，在它们之间概念的含义发生了变化。但这种变化，并不是两种概念之间完全不可通约，因为它们所指称的对象仍然具有明显的可通约性。例如。在青霉素、睾丸素等等的场合下，虽然在新规范之下，我们用化学结构式来表述了它们，但原来在旧规范之下所说的青霉素、睾丸素，在新规范之下，它们仍然是青霉素和睾丸素，在新规范之下只是扩大了这些概念的外延；在分子运动论的场合，我们虽然用分子的平均平动动能来表述温度这个概念，但在旧规范之下所说的“温度”，在新规范之下也仍然是“温度”。这意味着，在新规范之下，我们用化学结构式来表述青霉素和睾丸素，或者用分子的平均平动动能来表述温度，毋宁说，我们是从更深入的层次上揭示了这些概念的含义。两者虽然在“规范变革”的前后它们的概念的意义和指称有了某些不同，但是两者之间还是相通的，两者之间有着一个巨大的交集。从这个意义上，我们可以说 $T_1$ 与 $T_2$ 是局部可通约的。因为十分明显，$T_1$ 与 $T_2'$是可通约的，而且 $T_2'$与 $T_2$ 是局部可通约的。所以 $T_1$ 与 $T_2$ 之间也是局部可通约的。由此可以清楚地看到，库恩在《科学革命的结构》一书中所强调的不同的科学规范之间不可通约，这种观念是站不住脚的。而他后期通过修正，承认不同规范之间“局部可通约”则是正确的，虽然他未能为此做出清晰的论证。我们的理论为论证“局部可通约性”提供了合理的论证依据。

# 第三章　科学理论的评价

## 第一节　科学理论评价问题的实质和意义

我们已经说过，对科学理论的实验观察的检验，实际上既不能检验出理论的真，也不能检验出理论的假。对科学理论诉诸实验观察的经验检验，其真正的意义在于对科学理论进行评价：评价出理论的优劣，以便我们选择和创造出更优的理论，从而导致科学的进步。

科学理论的评价问题，是一个既非常重要而又十分复杂的问题。在有关科学进步的一个有机构成的问题群中，它几乎处于一个核心地位。因为在科学发展的过程中，正是通过理论的竞争与选择而导致进步。但这种"选择"，乃是由科学家或科学共同体所进行的选择，是一种"人工选择"；通过这种选择的机制，使得科学中各种相互竞争的理论，优胜劣汰，适者生存。问题是：科学家或科学共同体选择理论，能够有一种合理的标准吗？——这就是所谓的科学理论的评价问题。

由于科学理论评价问题的这种地位——如果说科学进步问题是科学哲学的中心问题，那么，科学理论的评价问题则是关于科学进步问题的核心问题——所以，拉卡托斯曾经又进一步把科学理论的评价问题称之为科学哲学的中心问题，这实在是很有道理的。

科学理论评价问题的核心是要提出一种评价或者选择科学理论的合适标准。这个问题之所以复杂而且重要，是因为：一方面，它涉及非常广泛而复杂的理论问题，它既涉及科学理论的检验，又涉及科学理论的进步与增长，而后者当然又涉及科学目标和所谓"合理性"问题的理解；另一方面，它又是一个具有重要应用价值的实际问题。由于对应于同一组经验事实，可以建立起多种理论与之相适应，理论不可能仅仅建立在经验的基础之上；理论的构造，它的概念及其关系，并不是唯一地由经验决定的。因此，在科学中，为了解释同一现象范围内的事实，往往会存在着多种理论相互竞争的局面。这些理论就其所构想的存在于现象背后的实体和过程以及它们所遵循的规律的假定来说，常常很不相同，甚至相互对立，但就它们所要覆盖的现象范围内的事实来说，这些相互对立的假说或理论很可能都能做出相当好的解释以至预言，尽管它们各自也都有自己的困难。如何评价这些假说或理论的优劣？如何从相互竞争的诸种理论中选择其中的某一种理论作为自己的研究纲领？这对于科学家的实际研究工作，具有不容忽视的实践上的意义，它将直接影响甚至决定科学家研究工作的方向及其成果的取得。例如，当开普勒进入天文学研究领域的时候，至少有三种相互竞争的理论摆在他的面前：①当时占据统治地位的托勒密体系；②哥白尼体系；③他的老师布拉赫·第谷因认为一些重要的证据（包括他自己所进行的恒星无周年视差的测定的零结果）“证伪”了哥白尼理论，而新提出来的地球在中心，太阳带着所有其他行星绕着地球转的第谷体系。就当时来说，这三种体系在与观测资料的符合程度上是几乎不相上下的。托勒密体系比较复杂，包含有许多均轮、本轮。但哥白尼体系也并不太简单，它同样引进了48个本轮、均轮，它的优点是在数学上毕竟比较优美，然而却与当时占统治地位的物理学理论（亚里士多德的物理学理论）相悖。相反，托勒密体系和第谷体系与当时普遍接受的物理学理论却比较符合。应当说，开普勒当时面临着一个十分困难的抉择，但这抉择又十分重要。如果开普勒当时不是选择哥白尼理论而是选择了其他理论作为他的研究纲领，那么他就不可能在如此大的程度上改进哥白尼理论并做出他的三大定律的发现了。在某种意义上，理论的选择甚至可以看作是研究工作的生命线，它赋予科学家的研究生命以特殊的“遗传基因”，决定了它在科学生存竞争中的成败和生命力的强弱。这种情况，过去如此，今天亦复如此。因此，讨论科学理论的评价标准，也就是在相互竞争的理论中选择理论，这始终是一个在方法论上富有实践意义的重大理论课题。

那么，如何评价和选择理论呢？在科学哲学的历史上，已经提出过多种曾经发生过广泛影响的关于评价和选择理论的合理性标准的理论。下面，我们将分别予以介绍。

## 第二节　关于科学理论评价的传统理论

正如前节所言，科学理论的评价问题乃是一个非常复杂而重要的问题。在有关科学进步的一个有机构成的问题群中，它几乎处于一个核心的地位。因为在科学的发展过程中，正是通过理论的竞争与选择而导致进步。但这种“选择”，乃是由科学家或科学共同体所进行的选择，是一种“人工选择”；通过这种选择的机制，使得科学中各种相互竞争的理论，优胜劣汰，适者生存。问题是：科学家或科学共同体选择理论，能够有一种合理的标准吗？——这就是所谓的科学理论的评价问题，也是一个与科学哲学所要讨论的许多重大理论，包括“问题学”理论密切相关的问题。因为正如波普尔所言，理论可以看作是对于问题的某种试探性解决方案。所以，从这个意义上，对于科学理论的评价，实际上也可以看作是对于科学问题的试探性解决方案的评价，或寻求问题之解的评价。

那么，如何评价和选择理论呢？在科学哲学的历史上，除了我们在本丛书第三分册已讨论过的劳丹的理论以外，还曾经提出过多种曾经发生过广泛影响的关于评价和选择理论的合理性的理论。

对于某种与归纳主义相联系的传统观念来说，它们强调一个好的成熟的假说（或理论）应当满足如下三个基本条件：①能够合理地说明原有理论所能解释的那些事实和现象。②能够解释新发现的而为原有理论所不能解释的那些事实和现象。③能够明确地预言尚未发现的新事实，为进一步检验假说提供可能性。

当然，实际上，要求一个假说同时满足上述三个条件往往是困难的。例如，现今条件下的天体演化学中的各种假说，还没有任何一种假说能同时满足这些条件；这些假说往往不能全部解释已发现的和新发现的一切天文现象。在地学方面的多种假说，其情况也与此类似。一般说来，科学中开始提出来的各种假说通常都具有这种特征。但是，传统观念认为，作为科学中的一个好的假说的提出，至少应当尽量向着满足这三个条件的方向前进。因而从某种意义上，上述这三个条件就成了评价或衡量一个假说的科学价值高低的标准；对这三个条件满足得愈好，这种假说的科学价值就愈高；反之，则愈低。从这个意义上，上述三条标准就成了在相互竞争的理论中评价和选择理论的标准。

但是，如果仅以上述三条作为评价理论的合理性和选择理论的标准，那将是既不相宜又不可行的。问题的关键在于，在上述观念中，把实验观察“事实”看成了检验理论之正确性的最终的和独立的标准。这几乎是一切经验主义认识论的通病。逻辑实证主义作为一种20世纪出现过的新的经验主义的科学哲学派别，实际上企图从定量的意义上把上述评价理论的标准具体化。卡尔纳普等人把数理逻辑与概率论数学结合起来，提出了验证度函数的概念，研究一个理论被经验证实为真的概率，以此作为评价一个理论的标准。逻辑实证主义学派的努力虽然把问题的研究引向了深入，但他们的“定量”理论却在原则上是失败的。且不说他们的“定量”理论实际上并未能真正定量，并且为了“定量”往往还把证据的质的差异冲失殆尽，更为严重的缺陷是，他们同样认为观察经验是检验理论的最终的和独立的标准，否认观察依赖于理论，因而在他们的标准中仅仅考虑了经验的因素，并且不恰当地强调了观察陈述构成科学赖以建立于其上的可靠的基础，以至于把对科学理论的评价等同于对科学理论的检验（至少早期的逻辑实证主义是如此看）。然而，尽管经验是评价理论的重要因素，但观察经验本身绝不是完全独立的。事实上，所谓“观察事实”仅仅是经过了某种理论解释以后才成为某种“事实”的。因此，离开了经验与理论以及理论诸要素在总体上的匹配，就不可能合理地评价理论。正因为观察依赖于理论，观察同样易谬。因此，当我们评价科学假说或理论时，简单地要求假说必须不与已发现（包括新发现）的事实相矛盾，既是一种苛求，又是不相宜的。事实上，当伽利略和开普勒给予哥白尼理论以高度评价而满怀信心地选择它作为自己的研究纲领的时候，哥白尼理论并没有能够合理地解释原有理论（托勒密理论）所能够解释的许多现象；相反，它在托勒密派提出的许多驳难证据（塔的论据、地球飞散论据、飞鸟云彩论据等）之下陷于困境，它也没能够解释第谷新发现的恒星“无周年视差”的“观察事实”，而这个“事实”却是原有理论（托勒密理论）和后来的第谷理论能够自然地加以解释的。事实上，科学史还表明，在许多情况下，某种假说的提出，正好是因为它和“已发现的（包括新发现的）事实”直接相矛盾，才使它具有了更高的科学价值。歌德预言人有颚间骨是一例，门捷列夫做出元素周期律的假说又是一例。当门捷列夫按照元素的原子量来安排他的周期表时，他以分析为基础，公然与当时所已知的某些“事实”相径庭，预言并修改了当时所知道的（通过实验测得的）铍、钛、铈、铀、铟、铂等七种以上的元素的原子量。如对于元素铟的原子量，当时根据它的发现者雷赫和利赫坚尔的测定，认为铟的原子量是75.4。但是，门捷列夫发现，在他的周期表中，这一原子量的位置已由砷（75）所占据，根据各方面的分析，铟放在那一位置上是不合适的。于是，门捷列夫根据分析的结果，认为铟应当是三价的。据此，他预言铟的原子量不应当是75.4，而应当是113，从而把它放到了他的周期表的第七横列第三族的一个空格的位置上，等等。如果门捷列夫完全依从了当时所知道的这些“事实”，那么他就不可能产生他的周期表了。反过来，他的周期表的科学价值，正是通过它以预言的方式修正了当时所知道的某些“事实”，并最后被更精确、理论上更融贯的实验事实所确证而得到了加强。之所以如此，是因为科学中的“已知事实”都是“经验事实”。它本身还有精粗正误的问题。特别是在它们的背后还有一大堆的理论、假说的问题，我们正是依据了它们才对“事实”做出判定和陈述的。我们这样说，并不是认为理论不需要与经验事实相匹配；我们只是说，不能仅仅简单地以经验事实为准绳要求理论与之相匹配，并以这种方式来评价理论。而理论应当与经验事实相匹配，这个原则当然是应当坚持的。正如我们在本丛书第三分册第三章第二节“科学进步的三要素目标模型”中所强调指出的，这乃是科学的基本目标之一。但根据这个目标模型，我们在评价科学理论之优劣时，决不能够仅仅以实验观察事实为准绳，单向性地要求理论与观察经验相符合，因为实验观察的背后也是理论，而且往往是一大堆的理论，他们同样是可错的。科学追求科学理论协调、统一和融贯地解释和预言愈来愈广泛的经验事实。所以，在科学理论检验的问题上，它不是简单地要求被检理论与眼前的实验观察相一致，而且还要求被检理论与其他相关理论以及实验观察背后的理论相协调、融贯和一致。像门捷列夫在发明他的元素周期律的情况下，门捷列夫实际上发现了那些确定元素原子量的那些“实验事实”背后的理论有问题。例如，对于元素铟，它的发现者雷赫和利赫坚尔之所以把铟的原子量确定为75.4，是因为他们把铟看作是二价的，从科学追求理论间协调、一致和融贯的目标看来，依据多方面的分析，门捷列夫认为，把铟看作是二价是不恰当的，而应当是三价的，于是铟的原子量显然应当是 $75.4 \div 2 \times 3 = 113$。所以对于科学理论的检验，决不可以像庸俗哲学所告诉我们的那样，只能以实践为准绳，单向性地要求理论与它相一致，而是应当放开眼界，追求多种理论，包括实验观察背后的理论相互协调、一致和融贯地解释和预言广泛的经验事实。我们这样说，显然是更符合科学的实际的。我们不妨再举一个经典性的实例。

众所周知，爱因斯坦曾经于1905年9月在德国的《物理学杂志》上发表了有历史意义的《论动体电动力学》一文，首次系统地公布了他所创建的狭义相对论理论。但1906年，考夫曼就在同一杂志上发表了《关于电子的结构》一文，其中就用他所设计的高速电子实验对爱因斯坦的相对论做出了验证，宣称“量度的结果同洛伦兹－爱因斯坦的基本假定不相容”。这个实验对刚刚产生的尚未在科学界立足的爱因斯坦的狭义相对论产生了严重的冲击，似乎实验已证伪了爱因斯坦的相对论。但是，深思熟虑的爱因斯坦又怎样看待这个问题呢？1907年，爱因斯坦在德国《放射学和电子学年鉴》上发表了新的详细论文《关于相对性原理和由此得出的结论》，其中不但详细展开了相对论的原理，把力学和电磁学统一起来，甚至还开始涉及广义相对论理论的构思。而且在该文的第二部分“电动力学部分”中还专门列了一节（文章的第十节）来讨论了考夫曼的实验，其题目是“关于质点运动理论的实验证明的可能性。考夫曼的研究”。在文中，爱因斯坦首先讨论了检验相对论中关于电子运动的结论的可能性。认为这种可能性其首要的出发点应是“带电荷质点的运动速度的平方相对于$C^2$不可忽略时才可出现”，根据这一要求，爱因斯坦提出了两种可能性。其一是用高速阴极射线，其二是用β射线。进而爱因斯坦否定了在当时的条件下前一种可能性而肯定了第二种可能性，并指出：“在β射线方面（实际上）只有量$A_e$和$A_m$是可观测的”，进而认为：“考夫曼先生以令人钦佩的细心测定了镭－溴化物微粒发出的β射线的$A_e$和$A_m$之间的关系。”然后，爱因斯坦进一步讨论了考夫曼的实验如下：“他（指考夫曼）的仪器的主要部分在图中是以原来的尺寸描绘的，它基本上处于一个不透光的黄铜的圆筒H中，这个圆筒放在抽空了空气的玻璃容器中，在H的底部A的一个小穴O中，放着镭的微粒。由镭发出的β射线通过电容器的两块板$P_1$和$P_2$之间的空间，穿过直径为0.2毫米的薄膜D，然后落到照相底片上。射线将被电容器两极$P_1$和$P_2$直径形成的电场以及一个大的永磁铁产生的同方向的磁场相互垂直地偏转，那么由于一个具有一定速度的射线的作用就在照相底片上画出一个点，而所有不同速度的粒子的作用合起来则在底片上画出一条曲线。（见图3－1）

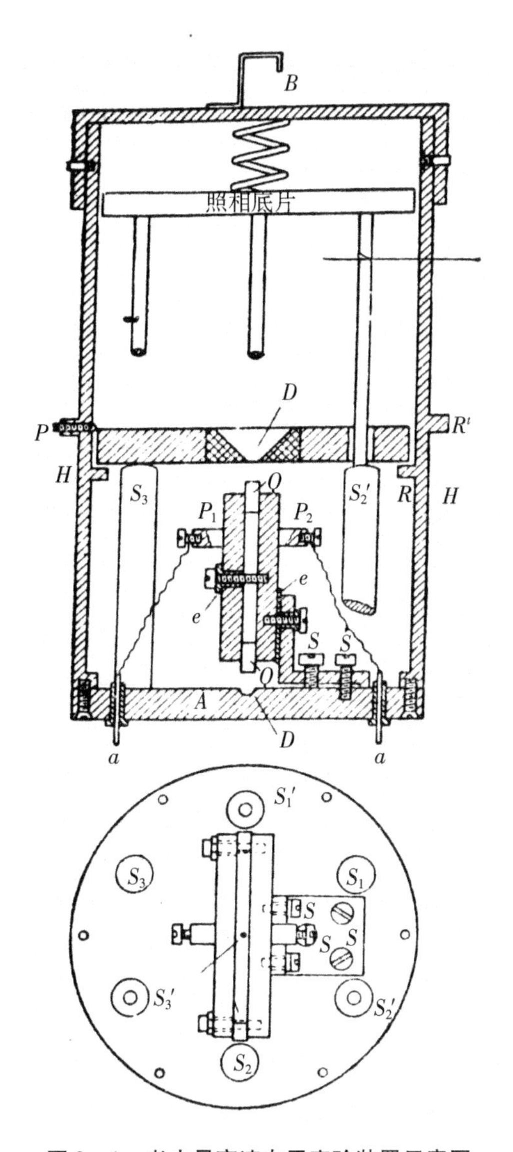


**图 3－1　考夫曼高速电子实验装置示意图**

图 3－2 显示了这种曲线①，在准确到横坐标和纵坐标的比例尺的程

① 图中给出的读数是照相底片上的毫米数。标出的曲线不是真正观察到的曲线，而是略去了无限小的偏离后所得到的曲线——考夫曼原注。

度上，描绘了 $A_m$（横坐标）和 $A_e$（纵坐标）的关系。在这曲线之上，用叉号指明按照相对论算出的曲线，并且其中关于$\frac{\varepsilon}{\mu}$的值取 $1.878\times10^7$。

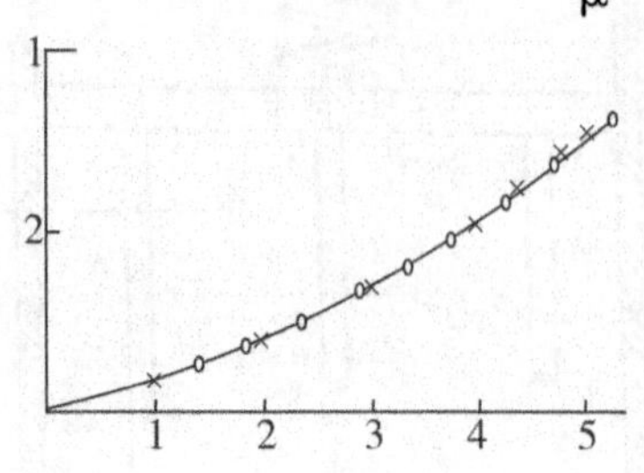

图 3－2　考夫曼高速电子实验结果

考虑到试验的困难，我们可以倾向于认为结果是颇为一致的。然而出现的偏离是系统的而且超出了考夫曼先生的试验误差的界限。而且考夫曼先生的计算是没有错误的，因为普朗克先生利用另一种计算方法所得结果同考夫曼先生的结果完全一致。①

以上所谈到的考夫曼实验对相对论所做出的检验，图 3－2 中带叉的曲线是由相对论从理论上所导出的结果，相当于由相对论所做出的检验蕴涵（集）；带小圆圈的曲线是考夫曼实验结果所得的曲线，相当于由考夫曼实验所做出的观察陈述（集）。而爱因斯坦承认考夫曼实验中“所出现的偏离是系统的而且超出了考夫曼先生的试验误差的界限。而且考夫曼先生的计算是没有错误的，因为普朗克先生利用另一种计算方法所得结果同考夫曼先生的结果完全一致”。如果只拿实验观察结果（如按照庸俗哲学“实践是检验真理的唯一标准”所要求的那样）来检验和评价理论，那么爱因斯坦就只能承认他的狭义相对论被证伪了。但是，爱因斯坦并不这样看，他追求多种理论，包括实验观察背后的理论相互协调、一致和融贯地解释和预言尽可能广泛的经验事实。由此出发，他一方面审慎地审度考夫曼的实验装置，怀疑考夫曼试验装置可能有问题，认为“至于这种系统的偏离，究竟是由于还没有考虑到的误差，还是由于相对论的基础不符合事实，这个问题只有在有了多方面的观察资料以后，才能足够可靠地解

① 参见普朗克《德国物理学会会议录》（Verhandl. d. Deutschen Phys. Ges.），Ⅷ年度，第 20 期；Ⅸ年度，第 14 期，1907 年。

决。”另一方面，爱因斯坦还注意到，考夫曼的实验结果虽然与相对论发生系统偏离，但却与阿布拉海姆和布雪勒的电子运动理论所给出的曲线更为一致。如果我们按照上面所说的三条标准，特别是按照所谓的“实践是检验真理的唯一标准”，那么显然只能抛弃爱因斯坦的相对论，转而选择阿布拉海姆和布雪勒的理论，因为只有阿布拉海姆和布雪勒的理论才与实验结果相一致。然而，爱因斯坦仍然是沿着追求多种理论，包括实验观察背后的理论相互协调、一致和融贯地解释和预言尽可能广泛的经验事实的路子思考问题。在这个方向下思考的结果，终于让他有了更好的思路。在文章中，他明确地指出：“在我看来，那些理论（指阿布拉海姆和布雪勒的理论）在颇大的程度上是由于偶然碰巧与实验结果相符，因为它们关于运动电子质量的基本假定不是从总结了大量现象的理论体系得出来的。”事后表明，爱因斯坦的这两方面的怀疑都是正确的。关于考夫曼的试验装置，后来法国科学家居耶和拉旺希从理论上分析了考夫曼的实验装置是有毛病的。居耶和拉旺希的这种解释得到了科学界的普遍接受。关于电子的质量，也表明当时的值是不准确的。而年轻的爱因斯坦的相对论却获得了全世界科学界的普遍接受，构成了物理学中的一次伟大革命。

以上我们所讨论的两个典型案例，都说明仅仅按照与实验结果一致，特别是仅仅以“实践是检验真理的唯一标准”这种庸俗哲学来评价和选择理论是不妥当的，因为实验观察的背后隐藏着理论，而且在导出理论的预言的时候，还会引入其他的各种辅助假说。我们是拿着多种多样的理论的合取所导出的结果来与实验观察的结果相比较的。而实验观察的背后也是理论。所以，绝不可以简单地强调必须单向性地以实验观察的结果为准绳，来检验理论的真理性并以此来选择理论。

与上述传统观念不同，在20世纪以来的科学哲学的历史上，与波普尔的早期理论相联系的简单证伪主义观念则认为，一个科学理论或假说的可接受性的条件是：这个理论或假说必须具有“可证伪性”而又尚未被证伪。因为一个理论或假说如果已经被证伪，它就应当被抛弃。然而如果一个理论在原则上是不可证伪的，那就意味着它不曾告诉我们自然界的任何信息，因而就不具有科学理论的性质。波普尔所说的理论的“可证伪性”是指一个假说或理论，它能够被逻辑上可能的一个或一组公共观察陈述（波普尔称之为“基础陈述”）所证伪，而不是指它实际上被证伪。

例如下列四个命题都是“可证伪的”：

命题甲：广州每逢星期四下雨。

命题乙：所有物体都热胀冷缩。

命题丙：光线在平面镜上反射时，它的入射角等于反射角。

命题丁：酸使石蕊变红。

因为对于命题甲，只要通过观察而确认有一个星期四广州不下雨，它就被证伪。命题乙也是可证伪的，因为只要在某一时间、某一地点观察到并被确认有一种物质并不热胀冷缩，它就被证伪。事实上，当接近0℃的水降低温度并随之结成冰的过程中其体积膨胀的事实，就已证伪了它。不难看出，命题甲和乙都是可证伪的，并且已经被证伪。由于它们已经被证伪，因而在科学上已不再是可接受的了。再看命题丙和丁，它们也是可证伪的。因为我们可以设想，假如光线以60°角斜射到平面镜上，而它的反射角却是90°的或者是15°的。逻辑上并不能排除出现这种情况的可能性。如果出现了这种情况，命题丙就将被证伪。当然，如果反射定律是正确的，那么这种情况实际上将不会发生。命题丁同样是可证伪的。因为只要发现有一种酸，它并不使石蕊变红，而是使石蕊变黑或者甚至使石蕊变得更蓝，命题丁就可被证伪。科学并不能保证它的任一命题永远不会被证伪，但是如果迄今为止的各种检验都没有证伪它，那么它就是科学上可接受的假说或理论。像命题丙和丁，由于它们本身是可证伪的，然而却又耐受检验，至今尚未被证伪，那么它们就是科学上可接受的了。

与上面所讨论过的“可证伪”的命题相反，像下面这些命题是不可证伪的。如：

命题A：明天广州下雨或不下雨。

命题B：在欧几里得圆上，所有的点与圆心等距离。

命题C：在赌博性的投机事业中，运气总是可能的。

不难看出，没有任何一种逻辑上可能的观察陈述能够驳倒命题A；不管明天广州的天气将会怎样，它总是真的。命题B也不可能是假的，因为这是由欧几里得圆的定义决定的。如果有什么“圆”，它的周沿上的点不与圆心等距离，那么它就不是欧几里得圆了。命题C也是不可证伪的，因为不管是谁，不管他打赌还是不打赌，也不管他打赌是输还是赢，这个命题总是真的。

按照波普尔的意见，如果一个理论要具有信息内容，它就必须冒着被证伪的危险，而那些不可证伪的理论或陈述，由于它们不排除任何可能性，因而不管自然界的过程将怎样发生，事件是阴性的还是阳性的，都不可能与它发生冲突。因此它们实际上是不接受任何经验检验的。然而也正因为如此，它们不曾向我们提供自然界的任何信息。而科学中的理论或者定律应当而且必须告诉我们自然界的事物将会如何运作的信息，因此，它必须排除许多逻辑上固然是可能的，但实际上将不会发生的运作方式，从而向我们指出事件将只能如何如何地发生。举例来说，伽利略落体定律告诉我们，在地球上的任何自由落体（例如，我松开手上的这块石头），它将必然地沿着水平面的法线方向下落而同时排除了向其他一切方向运动的可能性；此外，它还以定量的方式断言了自由落体下落的距离与时间的关系为 $S = V_0t + \frac{1}{2}gt^2$，从而排除了逻辑上可能的其他定量关系。因而这个定律具有高度的可证伪性，同时它也就包含关于自然界的巨大信息量。正是从“可证伪性”这个意义上，波普尔划清了“科学”与“形而上学”等非科学的界限。他认为，科学理论都是一些严格的普遍陈述，因而是不可证实的。因此，他不同意逻辑实证论区分科学与形而上学的所谓“可证实性”标准。他强调，形而上学的特点就在于它的不可证伪性，而科学命题却必须能够被逻辑上可能的某种观察陈述所证伪，从而具有真正的经验内容。波普尔虽然并不像逻辑实证论者那样，主张绝对拒斥形而上学；相反，他认为形而上学也可能有某种积极的启发价值。然而他也同时强调，划清科学与形而上学的界限是科学哲学的重要任务，这在科学方法论上有重要意义。正是在这一点上，波普尔曾经强调，考察一个理论的逻辑形式以便判明这个理论是否具有经验内容或作为科学理论的性质，是对科学假说或理论进行检验的一个重要方面。

进而言之，按照波普尔的观念，愈可证伪的理论（如果它尚未被证伪），就是愈好的理论。因为愈可证伪的理论，它所包含的信息量愈大。用波普尔自己的话来说，就是“所禁愈多，所述愈多”。因为一个理论断言得愈多，就意味着它所排除的逻辑上可能的运作方式或事件发生的方式就愈多，因而自然界实际上不以这个理论所规定的方式运作的潜在机会也愈多，因此它就愈可证伪。反之，亦然。然而，如果一个高度可证伪的理论竟然耐受检验而尚未被证伪，迄今为止所观察到的有关事实都与这个理论相一致，那就意味着这个理论包含有巨大的自然信息量。

从波普尔评价理论之优劣的可证伪性标准中，还可以得出许多值得注意的结论。

第一，理论的覆盖范围愈广，它就愈可证伪，因而就愈好。这可以用一个浅显的例子来说明。

刻普勒曾经先后得到过两个带有定律性质的结论：定律A：火星以椭圆形轨道绕太阳运行。定律B：所有行星以椭圆形轨道绕太阳运行。

十分明显，作为科学中的定律或理论，B应当比A更优越，它在科学知识的体系中应当获得更高的地位。因为定律B已经告诉了我们定律A所提供的一切知识，此外它还告诉了我们更多的东西；定律B的信息量更大，更可取，同时也更可证伪。因为任何一个可能导致证伪定律A的观察陈述，它必然也导致证伪定律B，但是还有更多的可能的观察陈述，如关于水星、金星、木星的观察陈述，它们可能导致证伪定律B，但却与定律A毫无关系。所以，如果我们把与某一理论相关的，可能导致证伪这一理论的观察陈述，叫作这个理论的“潜在证伪者”，那么，在这里，覆盖范围较窄的理论A的潜在证伪者将组成一个集合a，覆盖范围较宽的理论B的潜在证伪者将组成一个集合b，显然，集合a只是集合b的一个子集，即$a \subset b$。因而理论B比理论A更可证伪，同时也表明理论B比理论A断言得更多，包含有更大的信息量，因而也就更优越。从这个观点看来，我们可以说，牛顿理论比刻普勒理论（我们这里是指行星运动三大定律）更优越，前者比后者在科学上具有更高的地位，因为从牛顿理论能够导出刻普勒定律，牛顿理论比刻普勒定律有更大的覆盖面，它是一个更可证伪的，因而包含有更大信息量的理论。

第二，愈精确的理论是愈可证伪的理论，因而是更为可取的理论。这同样可以从一个简单的实例来说明。例如，假定关于真空中的光速存在有两种断言并且它们均未被证伪：

A：真空中的光速 $C = 300000 \pm 1000$ 公里/秒。

B：真空中的光速 $C = 299792.4562 \pm 0.0005$ 公里/秒。

那么，显然B比A更可取。因为B比A更精确，从而也更可证伪。凡是能够证伪A的观察陈述均能证伪B，反之却不然。B有比A大得多的被证伪的可能性。如果A和B都未被证伪，那么B就比A更可取，因为B比A有大得多的信息量。

第三，相应地，根据这个标准，就应当要求一个理论阐述得明确而清晰，要排除那种含混不清的遁词或模棱两可的机会主义伎俩。因为愈是阐述得明确清晰的理论是愈可证伪的理论，而含混不清和模棱两可的遁词总是可以逃避证伪而在事后解释得与任何检验结果相一致。作为这方面的一个实例，我们可以看看黑格尔的一段话。黑格尔在论述“电”是什么的时候说道：“电……是它要使自己摆脱的形式的目的，是刚刚开始克服自己的无差别状态的形式；因为电是即将出现的东西，或者是正在出现的现实性，它来自形式附近，依然受形式制约——但还不是形式本身的瓦解，而是更为表面的过程，通过这个过程差别虽然离开了形式，但仍然作为自己的条件而保持着，尚未通过它们而发展，尚未独立于它们。”① 像这种如此含混不清、不可捉摸的言辞，使人们完全弄不清它到底主张什么，因此实际上将不会有任何观察陈述可能与它发生冲突。然而，从科学的眼光看来，这种含混不清的理论，之所以使人感到它晦涩难懂，并不是因为它“太过深奥”，而是因为它实际上根本不曾对世界做出任何断言，或者说，它只不过是一些使人不知所云的“胡说八道”。正是因为它未曾断言，所以它才不可证伪；然而也因为它未曾断言，所以它未曾给我们以任何自然界的信息。所以，一个好的科学理论必须冒着被证伪的危险，而把对世界的断言阐述得明确而清晰。附带说一句，这也正好是科学态度与占卜者或者政治上的机会主义伎俩相对立之处。占卜者、算命者或政治上的机会主义者，往往用模棱两可、含混不清的遁词来逃避证伪，而在事后把自己的“理论”解释得与任何检验结果都不矛盾，从而摆出一副他们总是灵验的或一贯正确的面孔。

第四，根据这个可证伪性标准，波普尔就强调理论的新颖预见和判决性实验的意义。所谓新颖的预见，是指一个假说或理论所预言的现象，在当时的科学背景知识之下是“闻所未闻，见所未见”的，甚至是被当时的背景知识所明确排除，认为是不可能发生的。这种做出了乍看起来是奇怪的甚至被当时的背景知识所明确排除的新颖预见的假说，可以看作是高度可证伪的。而这种新颖预见如果被实验观察所确证，那就表明这个假说或理论具有巨大的信息量，它比起那些虽然未被证伪但却不能做出新颖预见的假说或理论来，是更优越的因而是更可接受的理论。相应地，当两个相互竞争的不同理论同时都能解释一组已知的现象而均未被证伪时，为了要判决这两个理论究竟孰优孰劣，何者更为可取，就应当诉诸判决性实验

① 黑格尔：《自然哲学》，商务印书馆1980年版，第305页。

的裁决。所谓判决性实验（crucial experiment），这个概念最初是由 F·培根提出来的，它的本来意思是指能够决定性地判决相互对立的理论中一个为真，另一个为假的那种实验。波普尔否定通过有限数量的实验（更不用说个别实验了）证实一个理论的可能性，然而他强调判决性实验在证伪一个理论中的决定作用。判决性实验通常须按照下列步骤来实施：第一步，从两个相互竞争的假说或理论中导出互不相容的检验蕴涵。设 $H_1$ 和 $H_2$ 为两个相互竞争的假说，$H_1$ 断言，如果给出一组条件 C，则将有现象 $P_1$ 发生；$H_2$ 却断言，如果给出同一组条件 C，则将会有 $P_2$ 发生，而现象 $P_1$ 和 $P_2$ 是互不相容的。即它们分别做出了不同的蕴涵：$H_1 \rightarrow (C \rightarrow P_1)$ 和 $H_2 \rightarrow (C \rightarrow P_2)$，而 $P_1 \leftrightarrow \overline{P_2}$。第二步，设计一个实验，使之满足条件 C，观察其中 $P_1$ 或 $P_2$ 是否发生。如果在此实验中观察到了 $P_1$，那么依据重言式 $[H_1 \rightarrow (C \rightarrow P_1)] \wedge C \wedge P_1 \rightarrow H_1 \vee \overline{H_1}$，固然不能证明 $H_1$ 一定是真的，但却可以决定性地证明 $H_2$ 是假的。因为 $P_1 \leftrightarrow \overline{P}$，而 $[H_2 \rightarrow (C \rightarrow P_2)] \wedge C \wedge \overline{P_2} \rightarrow \overline{H_2}$。例如，关于光的本性，历史上曾经出现过牛顿微粒说与惠更斯－弗累涅尔波动说这两种对立假说相互竞争的局面。就几何光学范围内的现象来说，这两种假说都能做出合理的解释，因而这些现象对它们两者中孰是孰非不能做出判决性的检验。如何来判定其中的一种理论是错误的呢？首先要从这两种相互竞争的理论中导出互不相容的检验蕴涵。科学家们经分析指出：按照牛顿理论，将断言，光线从光疏介质进入光密介质时，其速度将增大；因而光在水中的传播速度将大于它在空气中的速度。而惠更斯－弗累涅尔的波动说则做出了相反的结论：光线在从光疏介质进入光密介质时，其速度将减小，因而光在水中的传播速度将小于它在空气中的传播速度。实验的结果，与波动说的预言相符而与微粒说相悖。按照波普尔的说法，菲索和佛科的实验就成了判决性的实验，它们虽然不能证明波动说之真，但却决定性地证明了微粒说之伪。由于在这个判决性实验面前，牛顿微粒说已被证伪，而波动说却耐受检验，并且得到了定量的支持，因此，相比之下，波动说就是一个更可接受的假说。往后，19 世纪末又出现了勒纳特的光电效应实验，它又证伪了波动说，然而爱因斯坦的理论（光量子假说）却能在这些实验的检验之下获得通过，所以在有了新的判决性实验以后，爱因斯坦理论就是一个更可接受的假说了。在科学史中，像这类被认为是判决性的实验还有很多，例如，伦福德的实验就被认为是决定性地驳倒了热质说，甚至还被另一些人认为是决定性地“证实”了热之唯动说（虽然波普尔是不承认这后一种作用的），等等。

此外，波普尔强调，一个理论在逻辑上愈是简单，它就愈可证伪。因而简单的理论比复杂的理论包含有更多的信息量，从而也就更为可取。用波普尔自己的话来说，就是：“假如知识是我们的目的，简单的陈述就应比不那么简单的陈述得到更高的评价，因为它们告诉我们更多的东西；因为它们的经验内容更多，因为它们更可检验。”① 然而，正如亨普尔所已经指出的，波普尔的这个论点是站不住脚的②。实际上，并不能证明一个更加简单的假说一定是更可证伪的，诚然，科学理论的逻辑简单性原则，当然地应当成为评价和比较理论之优劣的标准之一。因此我们不妨说，在这种最简化的模型之下，评价理论之优劣应当有两个相互补充的标准：首先是可证伪性标准，其次是简单性原则。当有两个或多个相互竞争的理论，倘若它们的可证伪性程度相当，并且都尚未被证伪，那么，其中的愈简单的理论就是愈好的理论。

按照波普尔意义下的评价理论之优劣的原则，科学的增长，理论的进步，就应当向着愈来愈可证伪的方向发展。因为只有如此，它才提供愈来愈多的内容和愈来愈丰富的信息。当旧的理论被证伪，新的理论去取代旧的理论时，新理论不但必须能解释旧理论所能解释的现象，而且还要能解释旧理论遇到困难（遭到反驳）的现象；新理论必须比旧理论更可证伪。在波普尔看来，当假说被证伪以后，对假说做出所谓的“特设性修正”是不允许的。假说的特设性修正之所以是不允许的，其原因就在于假说经过这样的“修正”以后，虽然从表面上排除了反例，但它的可证伪性程度不但没有提高，反而还降低了，因而这种修正根本不导致科学的进步。

我们看到，从波普尔的简化模型下所提出的评价理论之优劣的标准是有启发性的。但是，我们同时必须指出：这个标准是非常有局限性的，并且实际上是很难应用的。因为它只讨论了对尚未被证伪的理论如何评价优劣的问题，强调了理论一旦被证伪就应当无情地予以摈弃。但是科学中的实际情况绝不是这样简单的。事实上，正如我们所已经指出的，历史上几乎所有的重要的科学理论，在产生之初，差不多都面临着否证它们的各种

---

① 波普尔：《科学发现的逻辑》，科学出版社 1986 年版，第 113 页。

② 参见亨普尔《自然科学的哲学》，生活·读书·新知三联书店 1987 年版，第 82 ～ 84 页。

各样的反例和反常，甚至被反常的海洋所包围。而科学理论或研究纲领往往具有巨大的韧性，它能够顶住反例的压力，暂时置反例于不顾而发展自身，并在发展过程中逐步消化反例，使那些原先看来是反例的观察证据转过来成为对它的确证或支持证据。如果按照波普尔的原则，一遇反例就应无情地被摈弃，那么迄今为止科学中被公认为最佳范例的那些重要理论，就都不可能发展起来。应当说，它们当时没有因为存在反例而被抛弃，恰恰是科学之大幸。如果情况果真如此，那么，科学中的理论之优劣又应当怎样评价呢？科学中的理论又是怎样相互竞争和被选择的呢？

拉卡托斯在他的“科学研究纲领方法论”理论中考虑到了关于理论竞争和选择的较为复杂的模型。按照拉卡托斯的意见，一个研究纲领的价值可以从两个方面评价：①一个研究纲领必须具有一定程度的严密性，从而有可能为未来的研究提供一个明确的纲领；②一个研究纲领应当能够，至少也要偶尔地能够导致新现象的发现。如果一个研究纲领能够做出一些新颖的预见并且被确证，那么它将导致进步的问题转换，然而如果研究纲领的预见屡遭失败，为消化反例所做的坚韧努力又长久不得成功，那么就将导致退步的问题转换。能够导致进步的问题转换的研究纲领是一种进步的研究纲领；反之，则是一种退化的研究纲领。人们将接受进步的研究纲领而摈弃退化的研究纲领。然而退化的研究纲领可能由于通过智巧地修改保护带而能够做出一系列新颖预见并被确证，从而使这个纲领恢复生机，重新变成一个进步的研究纲领。所以，与波普尔早期的简单的证伪主义观念不同，他认为在科学发展的过程中，一种科学理论并不是由于实验观察提供了反例或证伪而被抛弃的，因为反例总是有可能被消化。一种科学理论，总是因为出现了与之竞争的比它更好的理论，从而被后者所击败的。可以看出，拉卡托斯的理论是有其合理之处的，特别是它指出了科学理论是不可能由于一次证伪（反例）而被驳倒，理论总是在竞争中被更好的对手击败才被抛弃。但是，拉卡托斯关于科学理论的接受和选择的标准是含混不清的。一个研究纲领面临反例不是抛弃这个研究纲领的理由，只有当一个研究纲领长时期地不能导致新现象的发现或它的预言屡遭失败而未获成功，才会使这个研究纲领退化，然而一个退化的研究纲领可以由于智巧地修改保护带而重获生机。这样一来，拉卡托斯所说的接受或摈弃一个研究纲领的标准显然地是和时间因素相关的。但是问题在于：要经历多少时间的等待才能够确定一个研究纲领已经退化到了不能导致新颖现象的发现了呢？这是一个很难回答的问题。所以，在拉卡托斯的意义下，实在没有理由可以断言一个研究纲领比另一个对立的研究纲领更好。拉卡托斯本人也承认，“要断言一个研究纲领什么时候便无可挽回地退化了，或什么时候两个竞争纲领中一个对另一个取得了决定性的优势，是非常困难的”①。对于两个相互竞争的研究纲领的相对价值，只有当事过境迁以后，才能以“事后明白”的方式来加以确定。用拉卡托斯自己的话来说，这也就是说，是“人只能事后‘聪明’”②。然而，这也就是说，对于当时面临着相互竞争的两个或多个研究纲领的科学家来说，拉卡托斯的“标准”并不能为他们选择理论提供任何方法论的指导。正是从这个意义上，美国科学哲学家费耶阿本德指责说，拉卡托斯的方法论只是个“口头装饰品”。在这方面，由于波普尔观念的明晰性，特别是由于在他的论著中，不但考察了如前述模型中所包含的那种简单证伪主义的观念，而且还提出了某些较为精致的证伪主义的观念的端倪，因而在某种程度上，波普尔关于理论的竞争和选择的见解甚至比拉卡托斯的更为可取。波普尔在其早期著作中曾提出了“确证度”作为衡量理论之优劣的尺度。至于在他晚期著作中所提出的，表示对于真理的接近，并依此作为评价理论优劣的标准的“逼真性”（verisimilitude）概念，则正如我们在本丛书第三分册中所已经指出，那是存在着许多严重困难和形而上学性的。

## 第三节　科学理论的评价：我们的见解

对科学理论的评价问题的理解，显然是一个与对科学目标的理解密切相关的问题。劳丹认为科学的目标是解决问题，所以他提出以解决问题的能力来评价和选择理论；波普尔认为科学的目标是追求真理（符合论意义下的真理），所以他最终走上了要以逼真性（verisimilitude）的高低来评价理论的道路。我们自觉地注意到了，关于科学理论的评价与选择问题的研究应当结合着探索合理的科学目标模型予以研究。

在本丛书的第三分册中，我们已经详细地阐明了我们对科学目标的理解。我们所提出的这个“科学进步的三要素目标模型”，已经引起了学术

① 拉卡托斯：《科学研究纲领方法论》，上海译文出版社1986年版，第156页。

② 拉卡托斯：《科学研究纲领方法论》，上海译文出版社1986年版，第156页。

界相当程度的关注。国内的著名学者、中科院自然科学史所董光璧研究员在其所撰的《揆端推类，告往知来》的长文中，在其“科学进步的证认与途径”一节中评论说：“科学进步是当代最激动人心的问题之一，人人都在谈论科学进步，对于一般人来说，科学进步似乎是一个毋庸置疑的事实，但它却成为当代科学哲学的举世难题。在什么意义上说科学是进步着的，科学是如何进步的，科学进步又何以可能，如若认真思考予以探究就会陷入困境。智力上的烦恼使许多科学家、历史学家和哲学家为之付出许多心力。为能合理地阐释这些问题，‘积累进步’模型、‘逼近真理’模型、‘范式变革’模型、‘解决问题’模型、‘目标’模型等相继由不同学者提出。这些模型中所提出的科学进步的评价标准、知识增长的机制、理论的判据各不相同，有些甚至是彼此相矛盾的。比较诸多有关科学进步的模型，后出的林定夷的‘目标’模型更为可取……我们赞成林定夷在其《科学的进步与科学目标》（1990）中所表达的看法。”① 此外，还有一些学者对它也发表了相关的评论。例如，由解恩泽、刘永振、丛大川三位教授合著的《潜科学哲学思想方法论》一书中，曾以1500字的篇幅讨论了笔者所提出的科学进步的三要素目标模型②。查有梁教授在其所著《教育模式》一书的第三篇第五章“科学进步模型对应的教育模式”中，开列出专门的一节来讨论笔者所提出的科学进步的三要素目标模型，该章共有五节，前四节分别讨论了卡尔纳普、波普尔、库恩、劳丹的模型，其第五节的标题则是“林定夷，可测目标模型”③。在查有梁教授新出的专著《教育建模》一书中又再次列出了专章专节来专门讨论了我所提出的这个科学进步的三要素目标模型④。

根据我们对科学目标的理解，即根据我们所提出的“科学进步的三要素目标模型”，科学理论应该向着愈来愈协调、一致和融贯地解释和预言愈来愈广泛的经验事实方向发展，据此，则我们以为，在相互竞争的诸种理论中，理论的可接受性标准或择优的标准应是：理论应具有高度的可证伪性、高度的似真性（plausibility）和尽可能大的逻辑简单性。这种评

---

① 董光璧：《揆端推类，告往知来》，载《自然辩证法研究》1996年第1、2期连载。

② 参见解恩泽、刘永振、丛大川著《潜科学哲学思想方法》，山东教育出版社1992年版，第179～181页。

③ 查有梁：《教育模式》，教育科学出版社1993年版。

④ 参见查有梁《教育建模》，广西教育出版社2003年版。

价或选择理论的“三性”要求与我们前述关于科学目标的理解有着密切的关系：可证伪性标准涉及科学理论的可检验性要求（“匹配”已意味着“检验”）和科学理论的统一性要求，它是从科学目标的这些要求中导出的；似真性标准涉及科学理论与经验事实的匹配，同时也涉及科学理论的统一性（协调、一致和融贯）；逻辑简单性标准涉及思维经济原则或科学的美学要求，它不应像波普尔所认为的那样简单地归结为可证伪性所派生的要求，它本身就是科学目标的一种直接体现。显然，在简单证伪主义的观念之下，仅仅以理论必须具有高度可证伪性同时又尚未被证伪作为理论可接受性的标志，这显然是不妥的。然而，如果把检验理论时的辅助性假说以及涉及初始条件和边界条件的观察性理论都纳入理论这个概念之中，那么理论的可证伪性标准却是必须坚持的，这与我们在本丛书第二分册第六章以及在本章上一节中所得出的结论也并不相矛盾。因为在这种意义下也不可证伪的理论归根结底将不提供任何自然信息。因此，只有愈可证伪而又具有高度似真性并具有尽可能大的逻辑简单性的理论，才是愈好的理论。

理论的似真性或似真性程度（似真度，degree of plausibility）不能在归纳主义的证实（或即使是概率意义上的证实）的意义上去理解。因为除了现象论规律以外，我们通常是不能轻易地说一个理论被证实或多大程度上被证实的。正如我们在前面第二分册中通过对科学理论的检验结构与检验逻辑的讨论所已经明白的，理论所设想的关于现象背后起作用的不可观察的基本实体和过程的假定，归根结底只是一些猜测。即使从心理上认为可能猜中也罢，但从逻辑上说，由于我们只能从由它所导出的检验蕴涵去对它进行检验，因而即使它的所有检验蕴涵迄今为止都被证实为真，我们也始终没有逻辑上的理由可以证明这些关于基本实体和过程的假定是真的。爱因斯坦曾经形象地把科学理论的探索活动比喻作“猜字谜”的游戏，人们只能通过自然界所提供的种种线索，去猜测自然界的“谜底”，使这些线索能得到合理的解释，但自然界永远不会把“谜底”袒露出来。从科学理论的检验结构与检验逻辑的分析，我们容易明白：从理论所假定的基本实体和过程是否与自然界本体相符合的意义上，我们是不能谈论一个理论是否被证实的；但是，就一个理论能够解释广泛的经验事实并能预见新现象来说，我们却能够说一个理论所假定的基本实体和过程的机制是似真的。由于对应于同一组经验事实，可以建立起多种理论与之相适应，所以科学中可能出现这样的情况：存在着相互竞争的多种理论，就它们所假定基本实体和过程而言，它们是很不相同甚至相互对立的，但在解释和预言现象上却可能具有几乎不相上下的似真性，并且它们的似真性可以通过修改辅助假说而继续得到提高。由此可见，当我们说到一个假说或理论是“似真的”，它的意思仅仅是说一个理论看起来像是真的，或者看起来像是有理的，而完全不涉及这个理论所假定的基本实体和过程是否与世界本体（现象背后的隐蔽客体）相符合或逼近。似真性尽管也有可能表示为某种或高或低的概率，但这个概率不表示理论关于所假定的基本实体和过程与自然界隐蔽客体的一致意义上的真或近似的真，它仅仅表示由这些假定所导出的结论（解释和预言）与观察事实或观察陈述相一致或一致的程度。我们只能在理论与观察经验以及背景理论相一致的意义上谈论一个科学理论的似真性，遵循爱因斯坦的思路，我们甚至还能够在这种意义上谈论一种科学理论是“真理”、“相对真理”或甚至是“客观真理”，但我们坚持认为（因为逻辑告诉我们），我们不能在朴素实在论的真理符合论的意义下谈论真理、相对真理或“客观真理”。因为关于后者，我们无法知道。因此，在我们所说的似真性的意义下，一个有高度似真性的理论十分可能仍然是假的。正如一件古董赝品，尽管它高度似真，却仍然是假的一样。对于科学理论（确切地说是理论的复合体），我们充其量可依据否定后件的假言推理判定其为假，但不可能通过对一个蕴涵式的后件的肯定而肯定其前件为真或为真的概率。这在逻辑上是十分明白的。

那么，如何来判断一个理论（或假说）的似真性程度呢？理论（或假说）的似真性受哪些因素的影响呢？

第一，证据的量。容易理解，一个理论在缺乏不利证据的情况下，它的似真性将因支持证据（或确证证据）的增加而增加。因此，似真度将是支持证据数量的单调递增函数。但是，支持证据对于一个理论的似真性提供的增量，并不都是一样的。一般说来，新的支持证据所提供的似真性的增量，将随着理论在以往所积累起来的支持证据的数量的增长而减少。一个理论如果业已获得了成千上万的确证事例，那么再增加一个支持证据所提供的似真性的增量，就不那么明显了。所以，如果我们以似真度 P 为纵轴，以支持证据的数量 Q 为横轴，那么 P 将是随 Q 而单调增加的函数。这种函数关系将可以用图 3－3 所示的曲线来予以描述。

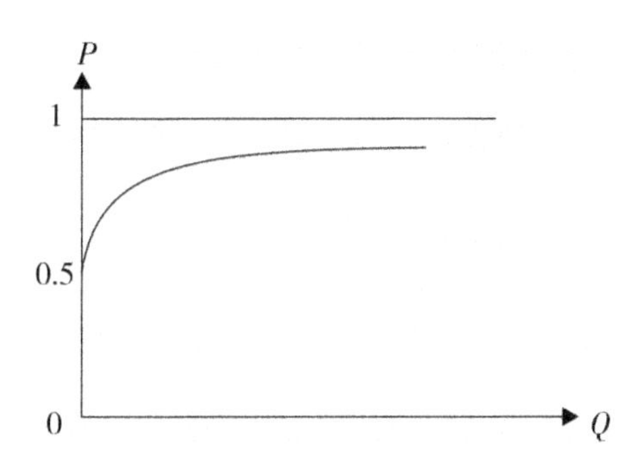


**图 3－3　似真度 P—证据量 Q 函数关系图**

第二，证据在假说的解释域（或定律的覆盖域）中的分布。证据的量对于提高假说的似真性固然发生影响，但重要的还在于这些证据在假说的解释域（或定律的覆盖域）中的分布。例如，对于由斯奈尔所发现的光线的折射定律，它被表述为：对于任意一对光学介质，当光线从一种介质射入另一种介质的界面时发生折射，并且入射角与折射角的关系是$\frac{\sin\alpha}{\sin\beta}=n_{12}$。$n_{12}$为第一介质对于第二介质的相对折射率，它对于确定的介质是一个常数。如果我们通过一系列的实验而获得了对于这个定律的大量支持证据，假定总共有 100 个吧。但是，如果这 100 个证据仅仅是这样获得的：用来做实验的光学介质是空气和水，并且在实验中入射角 α 是固定的，而未曾在实验中作任何改变，那么，即使所有这些实验证据全都支持了这个定律，它们所能提供的关于这个定律的似真度仍然是非常有限的。因为全部实验只验证了定律覆盖域中的一个非常有限的特殊情况，即当入射角为某一确定的 α 角时，光线从空气射入水的界面时发生折射，其入射角与折射角的正弦之比是一个常数 $n_{aw}$。然而，如果这 100 个检验证据是这样获得的：在实验中检验了 10 对不同的介质，对于每一对介质都用了 10 种不同的入射角并测定了相应的折射角，发现在所有这些情况下所获得的证据全都支持这个定律。那么，这些证据所提供的假说（或定律）的似真性程度就大大地提高了。因为这些证据在假说的解释域（或定律的覆盖域）中的分布情况大大地改善了。支持证据在假说的解释域中分布情况的改善，之所以能提高假说的似真性或可信性程度，是因为这些证据分布的改善，大大提高了可能证伪这个假说或定律的机会。事实上，如果我们进一步扩展证据在这个定律的覆盖域中的分布，例如，假若我们在实验中改变光学介质的温度，或者使用不同波长的单色光来做实验，那么，这样获得的证据就将证伪斯奈尔当初所表述的折射定律。然而，假定出现这种情况：尽管证据在定律覆盖域中的分布情况不断地得到扩展和改善，然而这些新的检验证据竟然都没有能证伪这个定律；相反，却都支持了它，那么，这些证据当然就提高了定律的似真性程度，并提高了人们对它的可信性的信念。一般地说来，如果我们把假说的解释域看作是某种相空间，以 $W=\frac{W_2}{W_1}$ 表示证据在解释域中分布的概率比，其中 $W_1$ 表示初始状态下证据在解释域中分布的概率，$W_2$ 表示终了状态下证据在解释域中分布的概率，那么我们就可以得到一个证据的分布函数 m，并且使得这个分布函数获得与热力学中的状态函数熵 S 相类似的意义。因为事实上可以有

$$\Delta m = G\ln W = G\ln W_2 - G\ln W_1$$

其中 G 是某一常量。这样，$\Delta m$ 就获得了热力学中 $\Delta S$ 同样的意义。因此，m 可以看作是证据的分布熵，它可以用来描述证据在解释域中分布状态的优劣程度，并且理论的似真性将随着 m 值的增加而改善。

第三，证据的质。具体说来是指证据的精确度以及它与假说符合的精确度。如果我们能通过某种观察和测量程序获得精确的证据并且这些检验证据与假说的预言达到了精确的定量的符合，那么，这些证据比起那种并非精确地获得并且与假说也并非精确地符合的证据，所提供的对于假说的似真性的增量就要大得多。因为证据的精确性提高了证据本身的确定性和它所具有的信息量，而它与假说的精确符合，又意味着必须事先从假说中推导出精确的预言，而精确的预言比含混的预言有大得多的可证伪性。这表明假说的解释和预言与自然现象是高度一致的，因而是似真的，它所提供的似真性的增量是那种粗枝大叶的“符合”所不能比拟的。例如，19 世纪 20 年代，由于弗累涅尔的工作，光的波动说理论获得了巨大的进展，但是，牛顿的微粒说仍然在科学界占据着统治地位，法国科学院中的老一辈的科学家，如泊松、拉普拉斯、毕奥、沙伐等，几乎都主张微粒说而反对波动说。当时著名的数学家兼物理学家泊松为了反对波动说，从波动说出发做出了一个表面上的“归谬论证”，指出：如果波动说是正确的，那么从波动说的数学公式就可导出，具有一定波长的点状光源所发出的光，可以绕过一个小圆盘而聚焦在圆盘后面的暗影的中央，而这是不可能的，因为这是与众所周知的光线直进性质相矛盾的。后来，为了验证波动说，

科学家阿拉戈做了这个小圆盘的绕射实验。实验结果表明，在小圆盘后面暗影的中央，真的如波动说所预言的那样形成了一个亮点，并且与波动说的预言定量地符合。这时，泊松却站出来继续为微粒说辩护，说这个小圆盘实验并不能表明波动说由此获得了胜利，因为微粒说也可以解释这个现象。按照微粒说的原理，光的微粒在经过圆盘的边缘时，将受到圆盘的吸引力的作用而改变运动的方向，从而使光微粒聚焦在圆盘背后的某一亮点。但是，相比之下，由于波动说是事先就做出了精确的定量的预言并能与检验证据作到精确的定量的符合，而微粒说却是事后解释而仍然不能做出定量说明，那么，微粒说在这个检验证据面前就相形见绌，而波动说的似真性却由此获得了大大提高。由于还有其他类似的证据同样对波动说有利，此后，人们当然就宁可相信波动说而摈弃微粒说了。

第四，假说的新颖预见被确证，对于提高假说的似真性有重大作用。这一点，从上面波动说对于小圆盘绕射的预见就可以看出来。当人们构思或修改一个假说来解释现象的时候，当然总是力图使它能蕴涵已知的各种现象，使这些已知现象成为假说的确证证据。但是如果一个假说能另外做出一些新颖预见，这些新颖预见是当时背景知识中所未知的，甚至是被与之竞争的理论所排斥的，然而实验或观察结果却竟然确证了这种新颖预见，那么，这种新颖预见的确证就能大大提高人们对于这种假说的似真性的信念。例如，爱因斯坦的广义相对论不但解释了水星近日点的进动，而且预言了光谱线的引力红移和引力场会使光线偏转，甚至还预言了引力波的存在。当1919年爱丁顿的全日食观察队确证了引力场使光线偏转和1924年以后多次确证了光谱线的引力红移等新颖预见以后，广义相对论的似真性就大大提高了。2014年美国科学家又获得了引力波存在的初步证据，如果人们能够在进一步的观察中确证引力波的存在，则将会进一步提高它的似真性和人们对它的信任感。新颖预见被确证之所以有力，是因为这些新颖预见是高度可证伪的，然而如果它竟然被确证甚至达到了高度精确的符合，那么做出这种新颖预见的假说就具有巨大的信息量，足以提高人们对它的信赖。

第五，反例的出现将影响或降低一个假说（或理论）的似真性程度，从而影响一个假说的可接受性。但是，在不同的情况下，反例对于假说的似真性，从而对于假说的可接受性的影响是不同的。如果某个经验事实E，对于当时相互竞争着的理论A和B都构成了明显的反例，那么，这个反例（E）虽然会对于理论 A 和 B 的似真性给予某种不利的影响，但这种影响往往不会十分显著。在没有更好的理论代替 A 和 B 并消化 E 以前，并且如果理论 A 和 B 在其他方面优劣相当的话，E 甚至不会影响人们对其中任何一种理论 A 或 B 的可接受性。相反，在这种情况下，人们往往仅仅把 E 看作是理论 A 和 B 需要消化的难题，而并不把 E 看作是它们的反例，因而 E 的出现甚至并不影响它们的似真性。但是，如果相互竞争的理论 A 和 B 在其他方面优劣相当，然而新发现的证据 E 构成对其中的一种理论 B 的反例，同时却又构成对另一种理论 A 的确证证据，那么，在这种时候，E 事件的出现尽管不是在严格的意义上，然而在实用的意义上将被认为是对理论 A 和 B 的判决性实验，从而它将在较显著的程度上提高理论 A 的似真性并降低理论 B 的似真性，并将直接影响到科学家对理论 A 和 B 的接受或拒斥。在这里，特别值得注意的是，所谓“反例”或“反常”事件对于假说的似真性影响的严重程度，是和从假说导出那个被证伪的检验蕴涵的逻辑结构密切相关的。如果被反例所反驳的检验蕴涵是从受检假说与其他一系列辅助假说的合取中分层次地间接导出的，那么，这种反例可以转嫁给其他辅助假说的机会就要大得多，从而受检假说消化这种反例的机会也要大得多，因而“反例”对于受检假说的似真性的不利影响将小得多。但是，如果某个检验蕴涵 E 仅仅单纯地是从某个受检假说 H 中直接导出，而不是从 H 和其他辅助假说的合取中导出的，那么，对于这个检验蕴涵 E 的证伪事件如果被核实或确认，则依据重言式 $(H \rightarrow E) \wedge \overline{E} \rightarrow \overline{H}$ 将直接导致对于受检假说 H 被证伪，并构成对于 H 的真正的判决性的证伪实验。例如，对于“凡物体受热膨胀”这个命题，当我们一旦发现 0℃左右的水在升温时非但不膨胀，反而缩小其体积时，这个关于自然规律的假定就决定性地被证伪了。又如“凡天鹅皆白”这个普遍性命题，只要我们确认了澳洲有黑天鹅存在，那么“凡天鹅皆白”这个普遍性命题（一种假说）就自然地被证伪了。因为在这种情况下，除了拒绝接受作为反例的观察陈述以外，受检假说对于反例几乎没有任何消化能力。因此，这种反例一旦被确认或接受，假说就将致命性地被证伪，它对于假说的似真性的影响几乎是毁灭性的。顺便说说，反例被消化对于相关假说的似真性将发生积极的有利影响。对于一个理论来说，反例被消化具有双重的积极意义。一方面，它消除了影响该理论之似真性的主要不利因素并转而使之成为提高该理论似真性的确证证据；另一方面，消化反例展示了该理论解决问题的能力，表明它是拉卡托斯意义下的那种进步的研究纲领。

第六，估计假说的似真性时，不但应当考虑如上述那些与检验证据（或观察陈述）直接有关的因素，而且还应当考虑科学中已得到确认的其他理论对假说的支持，或者更准确地说，还应当考虑它与背景知识中其他相关理论的融贯、一致和协调。如果一个假说能够从已被广泛接受的、具有高度似真性的普遍性理论中获得“自上而下”的支持，也就是说，那个具有高度似真性理论逻辑地蕴涵了这个假说，那么，这个假说即使没有任何检验证据的支持，也会被认为具有高度的似真性。而一个部分地得到了经验事实的确证，因而具有一定程度似真性的假说，一旦事后获得了另有独立证据的更广泛的理论从上而下的支持，也会提高它的似真性。正如作为氢光谱谱线特征之解释性假说的巴耳末定律 $\lambda = b\frac{n^2}{n^2-2^2}$，当它尔后为意义更广泛的另有独立证据的巴耳末公式 $\lambda = b\frac{n^2}{n^2-m^2}$所覆盖，并且后来又能从玻尔的原子理论中导出它们来的时候，它的似真性就获得了进一步的加强。反之，一个假说虽有观察经验的支持，但是如果它与已被接受的具有高度似真性的理论相冲突，那么这种假说连同它的支持证据的可信性，都可能受到极为不利的影响，以至于遭到某些科学家的断然拒绝。恰如一些年来关于所谓“人体特异功能”的种种假说及其“支持证据”的遭遇那样。但是，因与已被普遍接受的具有高度似真性的理论相冲突而拒斥一种新的、有一定证据的假说，必须十分谨慎，否则必将使科学活动变成一种纯粹保守的事业，使现有的理论变成一种神圣不可侵犯的、永远不可被推翻的绝对保守主义者的教条或圣经。那无疑将会阻挡科学的进步。科学并不遵循这种保守的程序，它不会因为心爱某种概念或理论而拒绝任何不利证据对它的反驳或证伪。相反，理论归根结底是易谬的。亨普尔曾引述了伊万斯在《胡言乱语的自然史》一书中所讲述的一个故事：“在1877年《纽约医学档案》中，艾奥瓦州的一位考德威尔医生在一篇他声称亲自目击的尸体发掘报告中断言，已埋葬的一个男子，本来刮得光光的头发和胡须，已冲破了棺木，并穿过裂缝长出来。”[①] 亨普尔按照当时历

---

① 亨普尔：《自然科学的哲学》，生活·读书·新知三联书店1987年版，第73页。

史情况公正地评论说："这种陈述虽然是由一位自称的目击者所提供的，但将毫不犹豫地被摈弃，因为它与已得到充分确证的关于人死后头发继续生长的长度的发现相冲突。"[①] 以上评论是亨普尔1966年写下的，然而事隔十余年以后，据报道，泰国有一名高僧死后不断地长出了很长的白胡须，是与已知理论相冲突的"怪现象"，为此被当众展览，并在展览期间继续生长他的白胡须。如果这个报道是确实的，类似的事例被进一步确证，那么，显然将增加考德威尔医生的报道的似真性，并将严重地危及传统理论的似真性。

在本丛书第二分册第五章中，我们曾经指出，把科学理论诉诸经验的检验（实验观察的检验）虽然是十分必要而且重要的，它构成自然科学研究的一个基本特点，但就这种检验活动的功能而言，我们实际上并不可能通过它而最终判定科学理论的真假，"检验"的目的实际上只是为了评价理论的好坏（对理论的优劣做出某种比较或评价，以便择其优者而取之）。现在，我们又进一步地看到，对理论的经验检验，只是为了从一个重要的方面对理论的似真性做出评价，但对理论的似真性的评价却不能仅仅依据于相关的经验检验，还要看它与背景理论中已具有高度似真性的其他理论是否协调、一致和融贯。至于在科学活动中，对于科学理论的评价与选择，其合理性标准的视野还应当宽阔得多。因为在相互竞争的多种假说或理论之间，我们并不能仅仅依据它们的似真性来评价和选择理论，而是必须把似真性与可证伪性、逻辑简单性结合起来予以考虑。因为如果仅仅考虑似真性，那么像"明天广州下雨或者不下雨"这样的命题将具有最高的似真性和科学上的可接受性，因为像这样的命题总是真的。如果以概率来表示似真性程度，那么它的似真度将等于1。作为科学中的一个例子，是20世纪70年代，即在我国"文化大革命"的疯狂的年代里，我国曾有人煞有介事地提出了地震预报的"二要素预报法"。本来，预报地震应当含有三个要素：时间、地点、震级。但这种"二要素预报法"依据了一种"理论"，能对地震做出二要素的预报，即或报时间、地点，而不报震级；或报时间、震级，而不报地点；或报地点、震级，而不报时间。按照这种理论所做出的预报，其准确率高达85%以上，这在当前的地震预报中是一种高得惊人的准确率，因而这种"理论"给人一种有高

---

① 亨普尔：《自然科学的哲学》，生活·读书·新知三联书店1987年版，第73页。

度似真性的印象。但是只要稍加仔细分析，人们对这种理论的价值就只能耸耸肩膀。因为这种理论尽管“也提供信息”，但从它所提供的信息绝不比已知的地震发生频率的统计资料所能告诉我们的更多。仅仅从统计资料来看，这个理论就是很“保险”的，因而其可证伪性程度是很低的。因为从它所做出的预言完全在已知的统计规律所指示的频度范围之内。根据已有的统计，全世界平均每年发生里氏震级 7 级以上地震 16 次，6.5 级以上地震 50 多次，3 ～4 级的小地震数百万次，1 ～2 级微震的数目就更不用说了。现在假定依据这个“理论”做出预报：“未来 2 个月内将发生 7 级地震”，而并不报出地点；或者预报“明天广州将发生地震”而不报出震级，那么，这种预报言中的机会总是很多的。实际上不需要那个“预报理论”，也能做出同样“准确”的预报，因为全世界平均每年发生 16 次里氏震级 7 级以上地震，即平均每月发生一次以上高于 7 级的地震，现在预言未来 2 个月内将发生 7 级地震，从统计上就是一个比较保险的预言。如果把 1 级以下的微震也包括进去，那么几乎任何地方都天天发生地震。现在如果预言“明天广州将发生地震”，同样是很少可能被证伪的。像这种所谓的“理论”，尽管与资料符合得很好，预言的“命中率”很高，但实际上信息量不大，它不比简单的统计资料提供更多的信息。因此，这种内容复杂的理论的科学性就值得怀疑，而它的科学价值很可能不值得一提。只有具有高度可证伪性同时又具有高度似真性的理论，才可能具有较高的科学价值和科学上的可接受性，因为它能提供大量的自然信息。

当选择理论或考虑理论（或假说）的可接受性的时候，理论的逻辑简单性也是应当考虑的一个因素。如果有两个相互竞争的理论，它们的可证伪性和似真性不相上下，那么，逻辑上简单的理论肯定是一个更好的理论，至少从当下的眼光看来应是如此。因为为了进一步提高理论的似真性和可证伪性，它所留下的理论调整空间（就理论的复杂性程度而言）比较大。所以，一个好的理论应当是逻辑上简单的、具有高度可证伪性而又具有高度似真性的理论。把这些特征概括起来，可以说，科学中的一个好的假说或理论，应当“出于简单而归于深奥”。这里的所谓“简单”，是指理论的逻辑简单性，即理论中作为逻辑出发点的初始命题数量要少；这里所谓的“深奥”，是指理论的高度可证伪性和高度似真性，即一个高度可证伪的理论耐受严峻的检验，它的解释和预言能与广泛的经验证据精确地符合。容易看出，我们这里所提出的评价科学理论的三性标准，是能够与科学中实际情况相符合的。爱因斯坦曾经赞扬过麦克斯韦的理论，说“在它们的简单的形式下隐藏着深奥的内容”。同样地，我们将看到，按照这样的评价标准，牛顿理论和爱因斯坦相对论可以说都会是这种好的假说或理论的典范。牛顿理论仅仅从三条运动定律和万有引力定律等少数基本命题和概念出发，就解释了天上地下的广泛的自然现象，它具有高度的可证伪性又具有高度的似真性。爱因斯坦理论是更优的理论，他的狭义相对论仅仅从两条基本命题和若干基本概念出发，不但解释了牛顿运动理论所解释的现象，而且还解释了麦克斯韦理论所解释的现象，甚至还蕴涵了从这两个理论不可能导出的其他自然现象和规律的陈述，如 $E = mc^2$ 等等。它具有比牛顿理论更高的可证伪性和更高的似真性。

前面，我们根据关于“科学进步的三要素目标模型”，得出了关于科学理论评价的“三性”（可证伪性、似真性、逻辑简单性）标准，并且指出，这“三性”标准与科学中评价和选择理论的实际情况是比较符合的。然而，应当指出，我们所阐明的这“三性”标准也仅仅是依据于对科学目标的理解，讨论了科学中评价和选择理论时应当遵循的合理性的标准。而实际上，当科学家具体地面临相互竞争的种种理论而选择其中的某一种理论作为自己的研究纲领的时候，不但受这些方面考虑的影响（有的科学家甚至未曾就这“三性”方面做周密的掂量），通常还会受到一定社会历史因素和心理因素等非理性因素的影响。例如，科学家个人所持有的形而上学信念、政府所施行的政策上的干预，以及科学界的权威所给予的心理上的影响等等；这些都可能对科学家或科学共同体对于科学理论的评价和选择发生一定的影响。这些影响可能大，也可能小；它们所造成的实际后果可能好，也可能坏。在不同的情况下，这些影响的实际情况可能千差万别。要对这些实际情况做出描述或从社会学或心理学的角度上进行研究，这都不是科学哲学的任务，原则上，它们是应当由别的学科，如历史学、科学社会学、科学心理学等等学科去完成的。我们曾经指出，科学哲学的任务原则上是要提出某种规范性的理论，而不是仅仅对科学的历史做出描述。这两者所关心的问题是不同的。规范性理论所关心的问题是在科学活动中，“应当怎样思考”；而描述所关心的则是在科学的历史上，人们实际上怎样思考。规范性理论不可能承认“凡是现实的（这里是指历史上曾经发生的）都是合理的”[①] 这种主张。因此，科学哲学与科学史之间就发生了某种微妙的关系。一方面，科学哲学作为某种规范性的理论，应当是对于科学史的“理性重建”，它应当能够成为对于科学史的“说明性”的理论。作为对于科学史的说明性理论，它当然应当与科学史相一致，从而任何科学哲学理论都应当受到科学史的辩护或批判。但是，另一方面，它作为科学史的理性重建，它决不奢望说明科学史的一切细节，甚至也不企求说明那些在科学史上虽然重要，但原则上只属于科学“外史”领域中的那些事件和关系。对于它们，科学哲学并不越俎代庖，它既不期望也不能对它们完全予以说明，而是把这些任务理所当然地交还给历史学、科学社会学、科学心理学等其他学科去做研究。再则，就科学方法论而言，科学哲学作为某种规范性理论而提出的乃是“应当怎样……”，因而这种理论就原则上不同于经验科学理论。后者做出事实陈述，因而有真假之分；而“应当怎样……”这类句子，虽然也是关于事实的，但却不是陈述性的，它并不能根据事实陈述而判定其真假。在某种程度上，它倒十分类似于“伦理学命题”。对于一个伦理规范“不应当 X”，如果有某人竟然不按照此规范行事，而是按照 X 方式行事了，那么所应当受到指责的并不是那个规范，而是违反了规范的那个人。科学哲学研究中所导致的“应当怎样思考”也有类似的情况。原则上，像这样的方法论规范，也只存在合理或不合理的问题，而不存在直接可判定的真假问题。其合理性由科学史所提示的关于科学目标的陈述（这是有经验内容的陈述）来辩护。

在科学理论的评价问题上，科学哲学只讨论评价的合理性问题（或合理性标准问题），但却不承担对非理性因素的实际影响做出描述的任务。虽然它当然承认，在实际发生的评价活动中，常常有各种非理性的因素悄悄地侵入进来而影响科学家对某种科学理论作具体评价。然而，即使在“合理性”的范围内，也还有如下一些问题，值得我们作进一步的探讨。

---

① 这句话原来是黑格尔的“名言”。但在黑格尔那里，要求对“现实的”一词作“辩证的”理解，即“现实的”并非一定是“现存的”或“存在过的”，而是指某种“必然的”东西。而“合理的”，其意思则是“合规律的”，然而“合规律的”就是“必然的”。所以，在黑格尔那里，这句话貌似深刻，实际上是兜了个圈子的循环。我们在这里没有完全按黑格尔原来的意思使用这句话，我们对“现实的”一词仅仅作了括号内所说明的那种简明的理解。

第一，从某个方面来说，理论的可证伪性与似真性具有某种联系，这种联系正好是一种反比关系。因为理论的可证伪性正好是理论的信息内容的量度，愈不可几的理论是愈可证伪的理论，同时也是信息量愈大的理论；从这个意义上说，一个理论的覆盖域愈广，它的陈述的确定性程度愈高，它就愈可证伪。但是同时，它的似真性却将愈低。实际上，波普尔已经说清楚了这种关系：设有任意两个陈述 a 和 b，显然 a 和 b 的合取 ab 的信息量比它的任何一个组成部分的信息量要大，因而也更可证伪。因为能够证伪其中任意一个组成部分 a 或 b 的经验观察都将证伪它们的合取 ab，但反之则不然。例如，令 a 为陈述“星期五将要下雨”，b 为陈述“星期六将是天晴”，则 ab 为陈述“星期五要下雨并且星期六是天晴”。显然，这个合取陈述 ab 的信息内容要超过其组成部分 a 的信息内容，也超过其组成部分 b 的信息内容，并且它比它的任何一个组成部分更可证伪。反过来，却意味着这个合取陈述 ab 为真的概率比它的任一组成部分的概率更小。如果我们以 Ct(a) 代表“陈述 a 的内容”，以 Ct(ab) 代表“陈述 ab 的内容”，并且分别赋予陈述 a 和 b 以各自的似真性的概率 P(a) 和 P(b)，则我们显然有如下两个关系或定律：

(1) $Ct(a) \leqslant Ct(ab) \geqslant Ct(b)$；

(2) $P(a) \geqslant P(ab) \leqslant P(b)$。

因为在合取的情况下，如果 a、b 是相互独立的，则有 $P(ab) = P(a) \cdot P(b)$；如果 a 和 b 是相关的，则有 $P(ab) = P(a) \cdot P(b \mid a)$。不管在何种情况下，公式 (2) 总是成立的。

以上两条定律合在一起就从逻辑关系上说明了陈述的内容与似真性概率之间的关系，即概率随着内容的增加而减小，反之亦然。科学追求着内容增多因而可证伪性程度增高的理论，但这同时就意味着（按概率演算的逻辑关系）它的似真性的概率将要降低。我们还可以进而稍作扩展。设有 Ta 和 Tb 为两个理论，Tab 为它们的后继理论，且 $Tab \vdash Ta$，$Tab \vdash Tb$（我们以符号“$\vdash$”表示“可推出”，以上两式即表示 Tab 可推出 Ta 和 Tb)，则显然有：

(1) $Ct(Ta) \leqslant Ct(Tab) \geqslant Ct(Tb)$；

(2) $P(Ta) \geqslant P(Tab) \leqslant P(Tb)$。

所以，从理论的经验内容或可证伪性上看，Tab 显然是比 Ta 和 Tb 更优的理论。但是它的似真性却将低于 Ta 和 Tb。正是从这一点上，波普尔强调科学并不追求高概率（似真度的概率），并向科学哲学界发出感叹："然而，认为高概率更可取的偏见是如此根深蒂固，以致我的结论仍然被许多人认为是'悖理的'。"① 他认为，上述所讨论的内容蕴涵着如下不可避免的结论："如果知识增长意味着我们用内容不断增加的理论进行工作，也就一定意味着我们用概率不断减小（就概率演算而言）的理论进行工作。因而如果我们的目标是知识的进步和增长，高概率（就概率演算而言）就不可能也成为我们的目标：这两个目标是不相容的。"② 但是，波普尔的观念是片面的。因为科学在追求着高可证伪性的同时，还在追求另一种倾向——高似真性。如果高可证伪性（内容增多）与似真性之间仅仅有上述关系（概率演算关系）的话，我们的要求（高度可证伪性和高度似真性）将是不合理的。但是情况并非如此。这是因为，理论的可证伪性虽然和似真性有上述关系，但两者毕竟有重大的区别。理论的似真性是用以表明一个理论在某一时刻 t，它与观察经验和背景理论相匹配程度的，因此，它是一个与经验检验相联系的概念。而理论的可证伪性程度却不必与经验检验相联系，它仅仅是表明一个理论被逻辑上可能的一组观察陈述可证伪的程度。理论的可证伪度反映一个理论的信息量，包括理论覆盖域的广度，它的断言的明晰性和确定性等等。在科学发展的过程中，理论固然追求不断增加内容，因而不断提高它的可证伪性，在前述的那种意义上（按概率演算），固然将降低它的似真性，但是，这只是问题的一个方面。科学理论决不仅仅是如此这般地进步着。在科学发展的过程中，理论的变革还受到巨大的经验的压力，迫使它改变内容，做出与原有理论不同的或全新的检验蕴涵，从而消除反例，提高与观察经验相一致的精度，扩大确证的范围和数量，从而就从另一方面来提高了理论的似真性，以致足以补偿因增加了理论的可证伪性而降低了的似真性的概率。表面看来，牛顿理论（N）导出了伽利略定律（G）和刻普勒定律（K）。按理如果仅仅是导出了它们，那么牛顿理论 N 的似真性概率将显然低于伽利略定律和刻普勒定律的似真性概率，即有

$$P(G) \geqslant P(N) \leqslant P(K)$$

但是情况不仅如此。牛顿理论实际上导出了不同于伽利略定律和刻普

① 波普尔：《真理、合理性和知识的增长》，见《猜想与反驳》第十章。

② 波普尔：《真理、合理性和知识的增长》，见《猜想与反驳》第十章。

勒定律的陈述 G' 和 K'。在伽利略定律 $S=\frac{1}{2}gt^2$ 中，g 是一个常数。在牛顿理论中，g 实际上是一个变量，随地球上的纬度与高程等因素而发生一定的变化，这样就使得 P(G') > P(G)。同样，刻普勒定律断言行星运动的轨道是椭圆，太阳在椭圆的一个焦点上。而在牛顿理论中，由于行星之间的摄动，将没有一颗行星是真正按椭圆轨道运行的，并且由于引力的相互作用，太阳也不是精确地在椭圆的一个焦点上。这样就使牛顿理论在解释和预言的精度方面大大地高于刻普勒理论，从而使 P(K') > P(K)。由于这些原因，就使牛顿理论的似真性并不必然地不能大于它的前驱理论 G 和 K 的似真性。科学理论在追求它的不断增长的可证伪性的同时，还要追求它的不断增长似真性，并且这是有可能被满足的。

第二，在前面，尽管我们指出了应当以理论的可证伪性、似真性和逻辑简单性作为评价和选择理论的指标，在我们看来，这是有重要意义的。但是，从另一方面说，以这“三性”作为评价和选择理论的指标，目前似乎还很难对它们做出量化的描述。为了要对它们做出定量的描述，势必要对问题进行简化。下面我们试着作某种初步的讨论。

理论的评价指标有可能作如下的表示：

$$Q=K\cdot F_b\cdot P$$

其中 Q 为理论的评价指数，用以表征一个理论的优劣；指数愈高表示理论愈优。K 为理论的逻辑简单性系数，逻辑上愈简单的理论 K 值愈高。P 为理论的似真性的概率。$F_b$ 为理论的相对可证伪度。理论的可证伪度尽管不能表示为某个绝对的值，但却可以从相互竞争的不同理论的比较中表示它们的可证伪性程度的相对高低。我们可以约定性地定义可证伪度的两个标准点（就像约定性地定义温度计的两个标准原点一样）：定义任何不可证伪的命题或理论（如重言式或形而上学理论）的可证伪度为零；在相互竞争的诸理论中，任意选取其中的一种理论作为参照并定义它的可证伪度为 1。这样，就可以通过作为标准的参照理论而确定其他相竞争理论的可证伪度。容易理解，这样规定的理论的可证伪度将在连续半闭区间 [0，∝）中取值。一个理论的相对可证伪度如何确定，尚有一些技术问题需要处理。作为一种简化的处理方式，我们可以假定：理论所可能做出的具有实质性差异的检验蕴涵是一个可数的有限集（这里附加了“具有实质性差异”这个限定词，因为如果不附加这个限定，那么任一理论的潜在可做出的检验蕴涵都将是无限的），并且这些检验蕴涵在可证伪性上都是平权的。那么，我们就可以把一个理论的相对可证伪度 $F_b(T)$ 表示为：

$$F_b(T) = \frac{I_Q(T)}{I_Q(T_0)} \cdot F_b(T_0)$$

其中 $I_Q(T_0)$ 是作为标准的参照理论的 $T_0$ 可做出的检验蕴涵（它的逻辑后承）的数量，$I_Q(T)$ 为欲求其相对可证伪度的理论 T 可做出的检验蕴涵的数量，而 $F_b(T_0)$ 则是作为标准的参照理论 $T_0$ 的可证伪度，按照前面的约定，$F_b(T_0) = 1$。为了使我们的这个公式有意义，我们必须避免以任何不包含经验内容的形而上学理论或纯粹的重言式系统作为参照理论 $T_0$，因为它们不可能做出任何可与经验相比较的检验蕴涵，即它们的 $I_Q(T) = 0$。而且依据我们的约定，它们的可证伪度 $F_b(T)$ 也等于0，而不可能等于1。当然，应当指出，上面那种对理论的相对可证伪度的描述，毕竟还是一种相对过于简化的处理。例如，它假定了理论的所有检验蕴涵都是平权的，但实际上，它们是不平权的。至于理论的似真性的概率 P 则主要表示理论的逻辑后承（解释和预言）与经验相一致的程度以及它与背景理论相一致的程度，因此它是一个与时间因素有关的量度。如何对它作量化的表述同样有许多技术问题需要处理。在最简化的情况下，它可以表示为

$$P(T) = \frac{T_t(T)}{S_t(T)}$$

其中 $S_t(T)$ 表示理论 T 在时刻 t 已经经受了检验的逻辑后承的总量，$T_t(T)$ 表示理论 T 在时刻 t 已被经验所确证的逻辑后承的总量。我们假定，如果经过适当的技术处理，K、$F_b$、P 都能够给出合理的值，那么理论的评价指标就可以用公式 $Q = K \cdot F_b \cdot P$ 做出定量的计算并做出合理的比较了。当然，这仅仅是某种最简化的考虑。在具体的情况下，最好是对“三性”以及它们的每一个影响因素做出价权考虑，分别给它们赋予适当的价权系数，然后计值。但这种技术性的处理，已经越出了科学哲学的范围，而是属于科学学或甚至某种技术问题（科学管理技术和方法学技术）的领域了。科学哲学或问题学的任务只是为科学学或科学管理技术提供必要的理论基础，而没有必要越俎代庖，直接去解决别的学科或技术领域的问题。

容易看出，我们前述的科学进步的目标模型和由此引申出来的科学理论的评价模型，保留了当代科学哲学中关于科学进步与理论进步的诸多模

型中的许多优点，同时却克服了它们的许多缺点。特别是，它保留了波普尔的科学的可证伪性要求的优点，指出了科学的增长、理论的进步，应当向着愈来愈可证伪的方向发展，但却避免了波普尔模型的许多缺点，如科学向着客观的绝对真理逼近的超验性目标，理论一旦被证伪就应当予以摈弃的不合理要求，以及在理论的进步转变中，后继理论必须包摄并超出前驱理论的全部经验内容的不切实际的设想等。要求一个新的取代理论必须能够解释它的前驱理论所已能解释的现象，几乎是逻辑实证论以来所有著名的科学哲学学派所共同持有的方法论教条。历史学派通过对科学历史的研究表明了这种教条不符合科学史的实际，企图提出新的模型。特别是劳丹提出了“科学进步的解决问题模型”摆脱了这类教条，受到了人们的重视。但它仍存在一大堆的问题。劳丹在论述他的“解决问题的模型”时指出：“如果我们一定要拯救有关科学进步的观点，那么需要做的是割断累积保留与进步之间的联系，以至于甚至在解释上有得也有失时也能够承认进步的可能性。具体地说，我们必须制定出某种以所得抵消所失的方法。这是一件比简单的累积保留复杂得多的事情，以至于我们还不能对这种方法做出充分展开的轮廓。不过，我们可以设想出这种说明的轮廓。利害得失分析是处理这种情况的特别适宜的工具。在解决问题模型内，这种分析具有如下程序：对于每一种理论首先评估它所解决的经验问题的数目和分量；其次，评估它的经验反常的数目和分量；最后，评估它的概念困难和问题的数目和重要性……我们的进步原则告诉我们，应当优选这样的理论：它最接近于解决最大数目的重要的经验问题而产生最小数目的有意义的反常和概念问题。”① 但正如我们在本丛书第三分册第一章第三节中所曾经指出，劳丹的模型还存在着种种较严重的弊病。而我们上面所提出的评价理论进步的模型，同样保留了劳丹模型的许多优点，然而却克服了它的种种缺点。

最重要的还在于，作为一种理论，我们所提出的科学理论的评价模型与我们所提出的“科学进步的三要素目标模型”、“问题学”理论以及关于科学理论的检验结构与检验逻辑的理论等等，都是内在地逻辑一致、融贯和协调的，并且也是与科学史的实际比较一致的。在我们看来，这实在是至关重要的。

---

① 劳丹：《解决问题的科学进步观》，载《自然科学哲学问题丛刊》1984 年第 1 期。

# 第四章　科学革命的机制：我们的理论

在本章，我们试图讨论“科学革命的机制”。这很可能是一项“危险”的工作。明眼人一看便知，这项工作只能建立在沙滩上，因为这项工作所要涉及的问题实在是太复杂了。然而众所周知，在沙滩上建立不起牢固的大厦，至多可以搭建起一个临时性的工棚或帐篷。但即使是工棚或帐篷也罢，我希望这项工作能为未来的研究者提供一个临时性的暂息之地。

## 第一节　科学革命：一种重要的历史现象

当今，人们都在谈论科学革命。在科学史和科学哲学的研究中，特别是经过巴特菲尔德、霍尔、库恩以及科恩等人的工作，“科学革命”已成为这些学科中从不同侧面所予以讨论的重要研究对象。人们不但一般地讨论科学革命，而且具体地剖析科学史上的哥白尼革命、伽利略－牛顿革命、化学中的拉瓦锡革命、生物学中的达尔文革命、世纪之交的物理学革命、20世纪以来的地学革命以及以分子生物学的兴起为代表的遗传学革命等等，甚至还依据着某种迹象，事先就“预言”着一场科学革命行将到来。在今天，科学家们、预言家们以及各种通俗报纸杂志的作者们，又在频频地做出预言：一场新的科学革命行将到来了。

然而，既然涉及预言，这就意味着，科学革命的发生不但是有先兆的，而且它的发生和发展是有规律的（尽管这种规律不大可能用几句简单的话语来说明），从而，“科学革命”确实应当当作一种重要的历史现象来予以研究。

在作者看来，从科学哲学的角度上说，正是从可预言的意义上，“科学革命”这个课题的研究才是值得重视的。而这又势必要把关于“科学革命”的机制、先兆和规律的研究提到首要的地位上来。美国科学史家兼科学哲学家库恩正是由于他首先提出了一个关于科学革命的一般模式或理论，而受到了国际科学哲学界的重视（见本书第一章）。但库恩的理论与其说是规范性的，毋宁说仅仅是描述性的，或者至少是模棱两可的。因而很少能有预言功能。

在作者看来，迄今为止，人们所谈到的科学革命，绝大多数都是事后的“追认”或“描述”，而很少是事先就被预言到的。而人们对它们的所谓“事先预言”（迄今人们仍然频繁地做出这类预言），则充其量只是根据了某种蛛丝马迹所做出的猜测；这些猜测，或者成功率很低，或者由于这种猜测本身十分含糊，因而又很难说它们不成功，因为它们本身所包含的可证伪性（因而也意味着它的信息量）极低。

从历史上说，事先就预言了一场大的科学革命行将到来的成功实例，恐怕要数19世纪末20世纪初物理学危机时期，法国大数学家兼物理学家普恩凯莱预言了物理学革命。他明确地指出了当时物理学面临的危机，正意味着物理学处于革命的前夜，并给出了详细的分析。

在1905年出版的《科学的价值》一书中，普恩凯莱详细地分析了当时物理学面临的危机。其中，他尤其详细地分析了作为当时物理学之基础的五条基本原理所面临的危机。普恩凯莱所说的这五条基本原理是指：“卡诺原理”（即热力学第二定律）、“力学相对性原理”、“牛顿原理”（指牛顿第三定律，即作用力与反作用力大小相等、方向相反的原理）、“拉瓦锡原理”（指质量守恒原理）和“迈尔原理”（指能量守恒原理）。

作为当时最著名的数学家兼物理学家，普恩凯莱非常清楚，经典物理学（他称之为“原理物理学”）是建立在以上这些原理的基础上的。他把以上五条原理再加上最小作用量原理，看作是“原理物理学”的基础。他用历史的眼光审度说，这些原理曾经是非常有效的，因为“把这五六个普遍原理应用于不同的物理现象，就足以使我们认识它们，我们有理由期望了解它们”[①]。但是，当世纪之交的时候，作为物理学之基础的这些基本原理，却受到了包括迈克尔逊实验、高速电子实验、镭的发现以及布朗运动的发现（布朗运动的发现当时被看作是对热力学第二定律的冲击）

---

① 普恩凯莱：《科学的基础》（The Foundations of Science），此书为普恩凯莱的三本著作《科学的假设》（1902年）、《科学的价值》（1905年）、《科学的方法》（1908年）的合集。出版此书的中译版时，由出版社改名为《科学的价值》，于1988年5月由光明日报出版社出版。所引的文字见该书中译本第287～288页。

等一大堆实验实事发现的猛烈的、接二连三的冲击，以至于在当时的物理学界产生了一种普遍的危机感：物理学的基本原理面临“普遍崩溃”；物理学的大厦大有顷刻崩塌之势，甚至已经崩塌，留下的只是一片废墟。当时，物理学界的思想非常混乱，情绪沮丧，各种观念众说纷纭。以至于著名的物理学家洛伦兹面对着当时科学观念的变革、新旧理论的更替和科学界思想的混乱，曾发出了如下的感叹：“今天，人们提出了与昨天所说的截然相反的主张。这样一来，已经没有真理的标准了。也不知道科学究竟是什么了。我真后悔我未能在这些矛盾出现前五年死去。”甚至直到20世纪20年代中期，当这场危机所造成的混乱尚未完全过去之时，当时的青年物理学家泡利还在给友人的信中发出了类似的感叹：“在这时刻，物理学又混乱得可怕。无论如何，它对我来说是太困难了，我希望，我曾是一个喜剧演员，或者某种类似的东西，而且从来没有听说过物理学。”①

但普恩凯莱面对着这种复杂的形势，却用历史的眼光冷静地分析说：这场物理学危机正好意味着行将发生一次物理学的革命，从而对科学的前途充满信心。他指出：“是的，不错，那里存在着严重危机的迹象，似乎我们可以期待一种行将到来的变革。然而，不必太担心；我们确信，病人不会因此而死亡，我们甚至可以期望，这次危机将有益于健康，因为过去的历史似乎向我们保证了这一点。”② 在他看来，这场物理学危机和革命所带来的绝不只是破坏，以至于只能留下“一片废墟”，而是会有利于科学的进步与增长；并且新旧科学之间会有一定的继承性。他认为，尽管科学的革命势必要冲破它原有的外壳，但“这正像蜕皮的动物一样，撑破

---

① 费尔兹、韦斯科夫编：《沃尔夫冈・泡利纪念文集》，纽约，1960。

② 普恩凯莱：《科学的价值》，光明日报出版社1988年版，第284页。补充说明，确实，在这些原理的基础上构建起来的经典物理学曾经被看作是非常牢固的，以至于在世纪之交的时候，著名的英国物理学家凯尔文勋爵曾经乐观地宣称：“物理学的大厦已经建成。”陶醉于“物理学的大厦已经建成”，曾经是当时物理学家们的一种普遍心态。1875年，当17岁的少年普朗克立志投身于物理学的学习和研究的时候，他的未来的老师菲利普・冯・约里劝阻他的那段话是很有代表性的：“物理学已是一门高度发展的、几乎是尽善尽美的科学。现在，在能量守恒定律的发现给物理学戴上桂冠以后，这门科学看来很接近于采取最稳定的形式。也许在某个角落还有一粒尘屑或一个气泡，对它们可以去进行研究和分类，但是作为一个完整的体系，那是建立得足够牢固的；而理论物理学正明显地接近于如几何学在数百年中所已具有的那种完善的程度”（普朗克1924年在慕尼黑的一次讲演）。当物理学家们的这种普遍的、过分乐观的心态，几乎在一夜之间受到猛烈的冲击，他们心目中的牢固大厦突然面临崩塌时，他们的沮丧和思想紊乱就可想而知了。

它的过于狭小的外壳，换上新的外壳；在新的表皮下，人们将能辨认出有机体保留下来的本质特征”①。

实际上，普恩凯莱绝不只是以上述抽象的方式笼统地预言了当时物理学危机正是意味着物理学面临着革命的前夜，而且还通过了对（经典）物理学的那些基本原理和理论所面临的危机的深入分析，以惊人的方式具体预言了物理学将发生怎样的革命。

尽管普恩凯莱对于“预言”科学未来的发展采取了谨慎的态度，他甚至明确声言不想作任何预言。因为他知道在历史上这类“预言”常常是非常失败的。他写道：“倘若我们被诱使冒风险作预言，那么只要想一想，某些人曾经询问100年前的最著名的学者，19世纪这门科学是什么样的，而这些学者却做出了愚蠢的回答，于是我们便会轻易地抵制这一诱惑……因此，请不要期望我作任何预言。”② 但实际上，普恩凯莱却通过对科学原理所面临的危机的深邃的分析与洞察，以惊人的方式相当明确地预言了科学往后的发展以致未来新科学的构架。例如，对于迈尔原理，即能量守恒原理，在当时的背景下，尽管受到了被他称之为“伟大革命家”的镭的放射性实验的冲击，因为居里夫妇发现了镭以后，人们发现镭似乎能无穷无尽地释放出能量，而自身却几乎不发生任何的变化。在当时，镭的放射性现象被大多数物理学家看作是“证伪了”能量守恒定律。但普恩凯莱却倾向于继续维护能量守恒定律。他冷静地指出：“……我们也许有理由期望，我们掌握着打开秘密的钥匙。拉姆齐先生极力证明，镭处在变化的过程中，它储藏着大量的能，但并不是取之不尽的。而且，镭的变化所产生的热量比所有已知的变化多一百万倍；镭的耗尽期是1250年③；……”④ 这个思想虽然不是普恩凯莱首先提出来的，但当能量守恒定律面临公认的危机的情况下，作为当时最有权威的大科学家支持这个思想，对于往后的科学发展的影响显然是巨大的。至于对这个问题的真正解决，则还要通过科学界对卢瑟福和索第所建立的原子嬗变理论的承认，以及爱因斯坦于1907年在《关于相对性原理和由此得出的结论》一文中导出并阐

① 普恩凯莱：《科学的价值》，光明日报出版社1988年版，第307页。

② 普恩凯莱：《科学的价值》，光明日报出版社1988年版，第284页。

③ 现在知道，镭的半衰期是1620年。

④ 普恩凯莱：《科学的价值》，光明日报出版社1988年版，第300～301页。

明了 $E = mc^2$ 的著名公式后，才算有了一个较圆满的答案。

对于相对性原理和牛顿的经典力学，尽管他承认实验已严重地冲击了相对性原理，同时也冲击了牛顿力学大厦的基础。在谈到迈克尔逊实验等等的时候，他指出："实际上，实验已经担当起摧毁相对性原理的这种解释的任务，量度地球相对于以太速度的尝试导致了否定的结果。"① 在当时，大多数物理学家都已愿意放弃相对性原理，但普恩凯莱却独具慧眼，从洛伦兹理论中看出了曙光。他面对着物理学面临的深刻危机而指出，物理学理论应当进行一场深刻的变革。在这场变革中，相对性原理还是应当继续得到维护，而力学应当进行一场新的革命；在新的力学中，不但应当继续维护相对性原理，而且应当引进光速不变原理。他明确指出，在新的力学中，光速应成为不可逾越的极限速度而进入运动方程。在《科学的价值》一书中，他通过一系列的分析而指出："如果这一切结果被确定，由此便会产生全新的力学，这种新力学尤其可以用下述实事来描述它的特征：没有什么速度能够超过光速。"②

实际上，早在他的《科学的价值》一书出版以前好多年，即在 1895 年至 1898 年间，他就已多次地强调应当坚持相对性原理和光速不变性原理了。而到了 1904 年，即爱因斯坦的狭义相对论发表前一年，普恩凯莱在美国圣路易斯国际技艺和科学博览会上所发表的讲演中，甚至已经以一种十分令人惊叹的语言预见和指明了未来相对论力学的基本轮廓。他指出："也许我们还要构造一种全新的力学，我们只是成功地瞥见到它，在这种力学中，惯性随速度而增加，光速会变成不可逾越的极限。通常的比较简单的力学可能依然是一级近似，因为它对不太大的速度还是正确的，以至于在新动力学中还可以找到旧动力学。"③ 他强调并预见了新动力学产生以后，牛顿力学还会在科学中保留它的一席之地："我们不必后悔相信了那些原理，因为太大的速度对于旧公式而言总还只是例外而已。在实践中，最可靠的办法还是像我们继续相信它们那样去行动。它们是非常有用的，有必要为它们保留一席之地。"④ 在今天看来，普恩凯莱的这些预

---

① 普恩凯莱：《科学的价值》光明日报出版社 1988 年版，第 293 页。
② 普恩凯莱：《科学的价值》光明日报出版社 1988 年版，第 299 页。
③ 普恩凯莱：《科学的价值》，光明日报出版社 1988 年版，第 308 页。
④ 普恩凯莱：《科学的价值》，光明日报出版社 1988 年版，第 308 页。

见是多么深刻而正确啊！尤其令人惊叹不已的是所有这些预言都是在爱因斯坦的狭义相对论问世之前做出的；而所有这些，又确实成了爱因斯坦相对论的最核心的思想，并且还贯穿了在往后科学的发展中起重大的方法论指导作用而为科学哲学所强调的对应原则。

此外，普恩凯莱甚至还曾为量子观念鸣锣开道。因为正当量子观念在科学中尚未站稳脚跟，而量子论的创始人普朗克在旧观念的束缚下一再往后退却，甚至完全放弃量子论，回到经典观念的时候，普恩凯莱却以一个科学革新者的眼光而大声疾呼，量子论的出现是牛顿以来自然科学中所经历的“最伟大、最深刻的革命”。

确实，我们已经看到，普恩凯莱曾经以惊人的方式，不但指出了当时物理学危机意味着物理学面临着革命的前夜，而且还以惊人的方式预先勾勒了这场革命的基本图景——这是历史上一次关于科学革命的伟大而成功的预言。

我们暂且不去理会普恩凯莱后来在苏联和我国所蒙受的“千古奇怨”，自列宁在《唯物主义与经验批判主义》一书中以不懂装懂的、颠倒性地“曲解”普恩凯莱的观念，而且以极端粗暴和武断的方式对他进行口诛笔伐以来，他长期以来在苏联和我国被指责为“资产阶级的反动教授”、“御用文人”、“反动分子”、“有教养的市侩”，充其量也不过是“伟大的科学家，渺小的哲学家”，以至于宣称他“在哲学上所说的任何一句话都不可相信”。几十年来，普恩凯莱的形象在苏联以及在我国是完全被扭曲了。我们相信，普恩凯莱所遭受的这种“千古奇怨”，终有一天会被“昭雪”。但在这里，我们不可能为此花费笔墨。

我们在这里所关心的只是如下这样一个实事：普恩凯莱确实以惊人的方式对行将发生的科学革命做出了成功的预言；这些预言曾经以强有力的方式指导了后来发生的科学革命。问题在于，普恩凯莱的实例应启示我们思考：科学革命真的能够预言吗？如果科学革命是能够预言的，那么，它必定有某种先兆，遵循某种规律或存在着某种将导致科学革命的机制。科学哲学理应研究这些问题。也许，要能够像普恩凯莱那样以精确的方式来预言未来新科学的纲领性的内容，这需要造诣极深的专门科学素养，甚至只有像普恩凯莱那样具有聪慧的哲学头脑，并站在了科学高峰的大科学家才能做出来。但从另一方面说，分析科学的情势，预言科学革命，这却又不是任何一门具体科学的研究对象，毋宁说，它更接近于哲学研究的课题。而普恩凯莱关于当时物理学所面临的危机与革命的总的思考和深邃的分析，也主要是一种哲学的思考和分析，并且这些成果也只是在他关于科学哲学的著作中予以阐述，而不是在他作为数学家或物理学家的专业著作中来予以阐述的。普恩凯莱的那些深刻的哲学思考和分析，比起那些一味诅咒他只是“反动文人”或藐视他只是“渺小哲学家”的大多数“哲学家”来，实在要胜过一千倍，一万倍，我们理应把他的深邃的哲学思考和分析当作一份重要财富来接受。

然而，尽管我们有了普恩凯莱预言科学革命成功的先例，并且研究科学革命的先兆、规律和机制确实已经成为科学哲学研究的一项重要而迫切的课题，但是，我们今天要来研究这些课题，却仍然深感条件尚未成熟，因为为了研究这些课题而必须预先予以澄清的那些前问题尚未解决，而关于它们本身的研究也还十分薄弱。以至于当我们今天试图来研究这些问题时，仍然难免像是在沙滩上建房子。下一节，我们就来分析这方面的问题。

## 第二节　一项危险的工作：企图在沙滩上建房子

在今天的条件下要来讨论“科学革命的机制”，难免仍是一项“危险”的工作。之所以说“危险”，是因为为研究这一问题所必须预先予以解决的那些前问题还模糊不清，更不用说关于这个问题本身的研究还十分薄弱了。总之，一句话，研究这个课题，基础还太不坚实，近乎“在沙滩上建房子”。

首先，为解决这个问题——“科学革命的机制”——的那些前问题还十分模糊不清。显然，为要着手讨论“科学革命的机制”，首先必须要能清晰地界定“科学革命”这个概念，弄清楚“科学革命”意味着什么？但迄今为止，可以说，为讨论这个问题所使用的那些概念和命题，如“革命”、“危机”、“危机是革命的前夜”等等，如果我们排除“革命”、“危机”等语词的含义在词源学意义上的最初发生及其后来变化过程的烦琐讨论，而仅就它们的直接来源而言，那么，它们差不多都只是从社会科学中借用过来的某种“隐喻”或“借喻”。有的社会科学家把社会危机与社会革命联系起来，认为广泛的社会危机是社会革命的前夜。而社会危机的重要症候被描述为：被统治的人民再也不愿意按原有的方式生活，也不愿意再像以前那样听命于统治者的意志和说教；而统治者的统治机器也逐步失灵，再也不能按原有方式统治下去，现有的制度已不足以应付由它们自身所造成的种种社会问题了。1905 年，普恩凯莱也正是从这种“隐喻”和“借喻”的意义上使用了“危机”和“革命”等词儿，来描述了当时物理学面临的情势，并且断言当时的“物理学危机”正意味着“物理学革命的前夜。”

如果说，普恩凯莱当年还只是在较弱的意义上使用这类“隐喻”和“借喻”，因为普恩凯莱当年并未试图寻找它们的多方面的对应，更未强调科学革命必须以科学危机作为先决条件，他只是一般地使用了这些隐喻和借喻来描述了当时物理学面临的情势，并预言了当时物理学的危机将导致物理学的革命。那么，在往后的研究中，许多科学史家和科学哲学家则是试图在更强的意义上使用这些隐喻和借喻。著名的美国科学史家兼科学哲学家库恩是试图在那种强意义上使用这些隐喻和借喻的典型。

我们知道，在社会领域中，政治家和社会科学家往往十分强调社会革命与社会危机之间的“捆绑”式联系。例如，我们记得，列宁曾在 1920 年为其所著的《帝国主义是资本主义的最高阶段》（1917）所写的“法文版和德文版序言”中，根据原著中所分析的帝国主义的腐朽性等特征而进一步断言：“帝国主义是无产阶级社会革命的前夜”，并于同年所出版的另一部著作《共产主义运动中的“左派”幼稚病》一书中，描述了社会危机的一般特征并进而强调了社会危机是社会革命的先决条件。就社会政治领域而言，强调“危机”与“革命”的捆绑模式，即强调社会危机必然导致社会革命，社会革命必须以社会危机为先决条件，也许还有一定道理，因为它毕竟还比较符合实际（但也未必尽然，如在许多历史场合下，社会危机未必都导致了社会革命）。但库恩却在他的名著《科学革命的结构》一书中，突出地强调了两者的类似关系，构建了他关于“科学危机”与“科学革命”的捆绑模式，即关于科学革命的“规范变革理论”。

库恩公然承认他是在“隐喻”和“借喻”的意义上使用“危机”与“革命”这些语词的。在《科学革命的结构》一书中，他问道：“为什么规范的变化应当称为革命？在政治发展与科学发展之间的巨大差别面前，什么对应能证明两者中发现革命的隐喻是正确的?"[①] 他试图找到那些"对应"来证明使用这些隐喻的正当性，如"在政治发展和科学发展中，机能失灵的感觉能导致危机，它是革命的先决条件"[②]；"政治革命的目的是要用禁止那些制度的办法来改变政治制度。因而，它们的成功必须部分地消灭一套制度，以支持另一套制度，而在过渡期间，社会根本不是完全受制度支配的。……一旦两极分化已经出现，政治上的求助就失败了。因为，他们对制度的模型意见不同，政治变革就是在这种制度模型内达到并予以评价的，……"[③]，而科学革命的实际情况也与此十分类似。库恩还指出，他的书的（余下部分的）"目的在于说明，规范变化的历史研究暴露了科学进展中的极为类似的特征"[④]。在某种隐喻性的类比之下，库恩甚至试图证明他的某种带有较强的非理性主义色彩的主张：在科学中，"在规范选择中就像在政治革命中一样，没有比有关团体的赞成更高的标准了"[⑤]，等等。可见，在库恩的著作中，他使用"危机"、"革命"等语词，其"隐喻"和"借喻"的性质是非常强的。

就一般而言，从方法论意义上来说，在一门学科的理论中，在一定意义上使用这种"隐喻"，或从别的学科中借用一些术语，是并非不可以的，如牛顿力学中的"惯性"、早期电学中的"电弹性"等等均是如此。但是，一般来说，当我们从别处借用了某种语词以后，应当努力使这些语词在新的理论体系中含义清晰，使之逐步上升到"科学术语"的地位；如果发现所借用来的语词终究是不合用的，则应当把它们扬弃，创造出一套合用的语言来描述相关的现象。但是恰巧在这个问题上，我们遇到了困难。迄今为止，我们既未能创造出一套适当的新语言来描述相关的现象，而对于那些借用来的语词，也始终未能给出真正清晰的含义。

迄今为止，库恩可以说是对"科学革命"这种重要的历史现象做出了最系统而且最重要研究的科学哲学家了。在他的名著《科学革命的结构》（以下简称"《结构》"）一书中，他把科学发展的基本模式描述为

"前科学—常规科学—危机—革命—新的常规科学"

---

① 库恩：《科学革命的结构》，上海科学技术出版社1980年版，第76页。
② 库恩：《科学革命的结构》，上海科学技术出版社1980年版，第76页。
③ 库恩：《科学革命的结构》，上海科学技术出版社1980年版，第77页。
④ 库恩：《科学革命的结构》，上海科学技术出版社1980年版，第77页。
⑤ 库恩：《科学革命的结构》，上海科学技术出版社1980年版，第78页。

这种漫画式的图景。为了尽可能清晰地描述这一模式，他制定了规范（paradgim，又译作“范式”）这一概念。他认为，“前科学”时期无统一规范；“常规科学”意味着形成了统一的规范，它是科学成熟的标志；“危机”就是规范的危机，而“革命”则是规范的变革。库恩试图通过引进“规范”等等概念来描述他所说的“科学传统”、科学中的“危机”和“革命”等等历史现象，使他最初作为隐喻使用的那些语词所代表的概念清晰起来。确实，库恩已经取得了很大的成功；他确实已经使他用来描述科学发展中的特定现象的语词“危机”、“革命”等等的含义清晰起来了。但是，反过来，我们确实仍然应当说，他的那些“成功”仍然是十分有限的，或者说仍然是不能令人满意的，正如我们在本书第一章中已经曾经详细剖析过的那样。主要问题在于：

（1）他所引进的“规范”概念仍然是十分模糊不清的。在学术界的深入剖析和批评之下，他后来也不得不承认“规范”这一概念确实是模糊或含混的：“我同意玛斯特曼女士对《科学革命的结构》一书中‘范式’的看法，范式的中心是它的哲学方面，但它又显得十分含混”①。

实际上，库恩的“规范”概念不但是含义混乱的，而且是内容非常庞杂的，以至于使他反复地并且煞费苦心地试图结合着丰富的历史案例分析来论证他的理论中的一个主题：科学传统是受规范支配的，或者说，一定时代的科学规范决定了那一时代的“科学传统”时，实际上就成了同义语的反复。

（2）为了描述“科学革命”，库恩还引进了另一个基本概念：“科学共同体”。但他的理论之下，他的理论的这两个基本概念——“规范”和“科学共同体”——实际上是相互定义的，这导致了一种蹩脚的循环定义。虽然后来他发现了这个问题，但实际上他还是未能真正解决好这个问题。

以上这些，可以说还只是涉及为解决“科学革命的机制”所必须预先予以解决的前问题。显然，当前对这些前问题及其解决，还只是一片混乱或一堆乱麻。至于关于“科学革命的机制”的研究，虽然也并非是一片无人耕耘过的处女地，包括库恩在内的许多科学哲学家已在这方面做过

---

① 库恩：《对批评的答复》，见拉卡托斯和马斯格雷夫编《批判与知识的增长》，华夏出版社1987年版，第315页。

许多工作，特别是库恩，他在这方面曾经做出了特别引人注目的重要的工作。但总的说来，却仍然应当说，这方面的基础仍然十分薄弱。

以库恩为例。库恩曾经在《科学革命的结构》一书中，对科学革命的机制问题提出过许多惊人的见解，受到了国际科学哲学界的广泛重视。但其中所包含的脆弱、不妥之处和不能回答的现象也实在是太多了。由于篇幅所限，我们不可能对它们再作冗长的分析，仅试图作某些简单的列举和揭示。比如：

（1）库恩认为常规科学只允许唯一的规范的统治，但这样的“常规科学”却不符合科学的“常规”历史。

（2）库恩强调新理论都只能在出现了科学危机以后才能涌现，强调“首先是由于危机，才有新的创造”等等，同样不符合科学的历史。

（3）库恩强调科学家放弃一种规范（或理论）与接受另一种规范（或理论）是同时发生的，似乎科学家不可能在两种规范或理论之间“骑墙”或“脚踩两只船”，这同样不符合多数科学家在研究工作中的实际情况。关于这一点，我们也已经在别处作过批判①。

（4）库恩理论中的基本概念模糊含混，其中包含他的理论中的某些最基本的概念，如“规范”、“科学共同体”、“危机”、“革命”等。

（5）库恩过于强调了经验反常在导致科学危机过程中的作用，而忽视了劳丹所说的“概念问题”的作用。

（6）库恩片面强调科学革命中的“危机—革命的捆绑模式”。但这种模式并不具有真正的普遍性。

（7）由于他实际上强调了不同规范不可比等观念，因而使他陷入了认识论上的相对主义和非理性主义。这种非理性主义，正如拉卡托斯所指责的，实质上乃是一种暴民心理学（mob psychology），而库恩实际上是在科学理论的评价和选择的问题上提倡和捍卫某种暴民准则（mob rule）。

（8）库恩理论不能解释科学将由于革命而进步，因而实际上也不能解释科学在其历史发展的过程中，在总体上有进步。

（9）他虽然开创了科学哲学中的历史主义传统，因而功不可没。但他在其以《结构》一书为代表的理论研究中，实际上却又放弃了以往科学哲学中的分析主义传统，这使他的理论带来了许多缺陷，并使他的理论

---

① 参见林定夷《科学的进步与科学目标》，浙江人民出版社1990年版，第八章。

更多地只是描述性的而不是规范性的。

（10）他虽然描述了科学革命，但关于“科学革命的机制”所做出的理论描述却是不清楚的。他既未能清楚地说明常规科学中何以能够由于出现反常而导致“危机”，也未能说明危机中是由于什么样的机制而导致规范变革（科学革命）的，特别是未能说明科学界意见不一致（学派纷争）是通过一种什么样的合理途经而重新达到意见一致（新的常规科学）的，等等。

全面地批判库恩的著作不是本章的任务，我们已经在本书第一章中详细地评述过了它。在本章中，我们只能对它作此扼要的批判。下面，我们将着重从正面阐述我们关于“科学革命的机制”的见解，虽然当我们有必要时还是不得不对库恩的理论再做出适当的批评和评述。

## 第三节　从方法论入手：策略、模型及基本概念

前面的讨论已经使我们明白，我们今天要来讨论“科学革命的机制”，条件尚欠成熟，或者说，它的基础还比较薄弱。但是，这并不意味着，我们今天不能够，甚至不应当来探讨这个困难的问题。我们今天的研究，也许能够为后人构建高楼大厦打下一点基础。

但由于“科学革命的机制”这个问题本身所涉及的方方面面太过复杂，因而在讨论之前，我们不得不预先来讨论一下有关的方法、策略、相应的模型和基本概念问题。

首先，关于方法问题，我们请读者们尤其关注一下我们在本丛书第二分册第二章中所已经讨论过的有关理论之构建的问题，特别是从抽象上升到具体的方法论问题。在那里我们曾经讲到，研究对象的高复杂性与关于研究对象的理论的高精确度不兼容，因而我们为了研究复杂的对象，就必须把研究对象简化，构建关于研究对象的简化了的模型。科学中，精确的理论都是关于模型的理论。然后，我们从抽象上升到具体，用精确的理论去理解（解释或预言）复杂的实际现象。我们在研究“科学革命的机制”这个具有高度复杂性的问题时，也必须切实地运用与此相关的方法论问题。

其次，关于研究的策略。为了研究“科学革命的机制”这个复杂的

问题，我们显然需要一套相关的适用的语言。在这个问题上，我们拟使用如下的策略：①在我们构建的模型中，尽量使用本研究领域中已被学者们所公用（或几乎被公用）的语言，即使其中的某些语词本来只是一种隐喻或借喻，但只要用它来描述相关现象是合适的，则我们照旧予以保留；对于这些语词，即使它的最初的倡导者已予以抛弃，但学术界却已在广泛使用，我们也尽量予以保留。我们所要做的，只是使所使用的这些术语的含义尽量的清晰化，或另外赋予它以适当的清晰的含义，使之尽量满足科学术语所应当满足的单义性要求，而不要重犯库恩的那种所用的基本语词多义性和含义混乱的毛病；除非有特殊的必要，我们不另造“生词”。这样做，也许会有利于这一领域中理论术语的统一，也有利于减少读者理解本章内容时的困难。②由于“科学革命的机制”这个问题本身太过复杂。而关于它们的研究迄今已有的基础又太过薄弱，因而我们不对自己的这项研究赋予太高的期望值。但我们当然希望有所前进，我们至少希望我们所构建的这个模式能够是关于科学革命历史的某种理性重建，它虽然不能解释历史上各次科学革命的一切细节，但却应能较好地描述和解释历史上各次科学革命的一般机制和一般结构，从这个意义上，它也应能具有某种规范性质。③尽管我们批评过库恩关于科学中“危机—革命”的捆绑模式，指出这种捆绑模式不具有普遍性，因为在许多情况下危机未必引起革命，而有的革命也未必一定有危机作先导。但“危机—革命”的捆绑模式毕竟是历史上屡次发生过的最具有典型性的科学革命的模式，所以我们在下文中，仍将以“危机—革命”的捆绑模式为基础来描述科学革命的机制。而且，读者们将会看到，当我们一旦阐明了这种机制，那么，只要我们稍加补充地说明，就能用来说明那种非捆绑的科学革命模式。

再次，关于模型。为了往下阐述的方便，我们将在下面预先给出我们所构建的关于“科学革命的机制”的模型框图（见图 4－1），以便引导读者往后的阅读。需要说明的是，我们本章往后的文字说明，都是围绕着这个机制模型来展开的。所以希望读者在往后的文字阅读中，始终对照着图 4－1 予以理解。

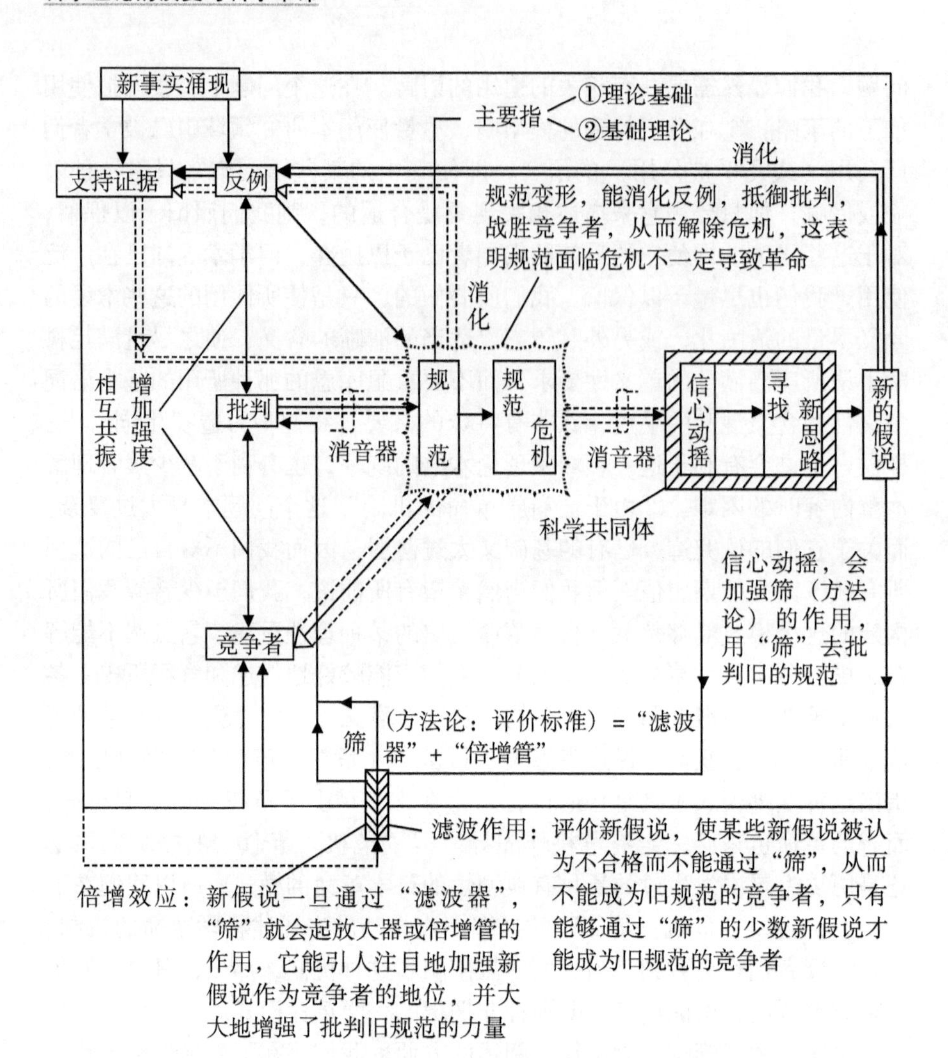


图 4－1　科学革命的机制

最后，为了阐述我们关于科学革命的机制的模型，我们将在下面着重阐明我们的关于“科学革命的机制”的相关基本概念。

何谓“科学革命”？迄今为止，对于“科学革命”一词的理解，在科学史家们中间可以说仍然言人人殊。有许多科学史家，当他们谈到科学革命时，往往仅仅是指与近代科学的产生相联系的那一次广泛的、影响深远的科学变革，认为谈论任何小的、局部领域的革命那只是对“革命”一词的滥用。而另一些科学史家却更愿意承认还有小的科学革命。特别是像库恩，他一方面强调科学革命是世界观的转变，认为“规范改变确实使科学家用不同的方式看待他们的研究工作约定的世界。……在一次革命以后，科学家们是对一个不同的世界在做出回答”①。由于不同的规范将最终影响人们的观察经验，因此，在不同的规范下，科学家们的知觉世界也将发生变化。“在革命以前在科学界中的鸭子在革命以后成了兔子。”② 显然，在库恩看来，科学革命具有十分根本性的意义。但是另一方面，库恩又不断地强调，科学中“可以有大的革命，也可以有小的革命，有的只影响到附属专业的成员，有的即使是发现一种出乎意外的新现象对这种集体也可以是革命”③。举例来说，对于某种小的专业团体来说，像发现莱顿瓶都是一场科学中的革命。但是，只要承认库恩的“小革命”（这种“小”的程度并无边界。图尔敏曾不无根据地戏称库恩承认“微型革命”④），那么，可以说至少从19世纪以来，科学中年年发生“革命”，月月发生“革命”，甚至天天发生“革命”。如果这样来理解“革命”，那确实难免是对“革命”一词的滥用了。但是，如果“科学革命”仅仅只能特指与近代科学的产生相联系的那一次科学中发生的广泛而深刻的变革，那就意味着历史上只存在过唯一的一次科学革命。如果这样，那么关于“科学革命”，至多是一项应当留给历史学家们去予以回顾和追述的任务，而根本不应当提出研究科学革命的一般机制或结构的问题。

所以，当我们强调应当重视研究“科学革命的机制”，把“科学革命”看作是一种重要的历史现象时，我们是把“科学革命”看作是科学历史上曾经不断地重复出现的科学理论的重大变革；每一次科学革命，都意味着在科学界内部推翻一种盛极一时的科学理论，而拥戴或接受另一种新的取代理论。虽然我们对“科学革命”作这样的理解在许多科学哲学家看来，会有“简单化”之嫌。因为它显然忽视了科学革命中的其他种种复杂情况，以至于许多科学哲学家早已不愿意再把科学革命仅仅看作是科学理论的变革了。为了描述科学革命，库恩提出“规范”（paradigm）

---

① 库恩：《科学革命的结构》，上海科学技术出版社1980年版，第91页。

② 库恩：《科学革命的结构》，上海科学技术出版社1980年版，第91页。

③ 库恩：《科学革命的结构》，上海科学技术出版社1980年版，第41页。

④ 图尔敏：《常规科学和革命科学的区别能成立吗?》，见伊·拉卡托斯和艾·马斯格雷夫主编《批判与知识的增长》，华夏出版社1987年版。

概念，拉卡托斯则使用“研究纲领”（research programmes）一词，而劳丹则更愿意用“研究传统”（research tradition）这一概念。在他们的观念之下，科学革命就分别成了“规范”变革，或者“研究纲领”，或者“研究传统”的转换。而它们所说的“规范”或者“研究纲领”、“研究传统”，当然都是一些复杂得多、内容庞杂得多，以至于任何一位读者读完了他们的著作以后都难以清晰地把握住它们的含义的概念（原因只在于：它们的含义本来就不清晰）。应当承认，他们提出并使用那样一些内容庞杂但却缺乏清晰性的概念是有他们一定的理由的，因为他们的出发点之一就是要反对对科学历史上发生的重大事件及其过程的描述过于简单化，他们企图用他们的理论覆盖历史，与历史一致。而在我们看来，正如我们在本丛书第二章第二节所已经指出，我们固然承认 $MP_8$，但为了实现 $MP_8$，我们宁愿走曲折的道路，即通过 $MP_4$ 的方式构建关于简化模型的理论，然后再通过 $MP_9$ 去覆盖现象，具体地说来，也就是通过“从抽象上升到具体”的方式去覆盖现象。[①] 因而，在我们看来，把我们所要研究的现象——科学革命——作适当的简化，仅仅把它看作是科学历史上所发生的科学理论的重大变革，仍然是合理的。事实上，我们作这样的理解，也并非别出心裁，它与大多数科学家、科学史家和科学哲学家的理解还会是基本上一致的，例如，这种理解与爱因斯坦的理解就是完全一致的。实际上，甚至连库恩本人，虽然他使用“规范”一词，把科学革命理解为“规范变革”，但在许多情况下，他实际上也把“规范变革”仅仅理解为“理论变革”。[②]

但是，尽管我们把科学革命界定为科学理论的重大变革，然而，问题在于，何谓科学理论的“重大变革”呢？为了使概念清晰，我们势必需要对它做出进一步的讨论。因为从原则上说，只要一门科学理论在发展着，那么同时就意味着它也在发生着相应的变化；它或者扩展了内容，增加了新的定律或定理，甚至成功地解决了新的问题，扩展了新的重大的应用领域；或者在经验或其他有关理论的压力下，被迫修正甚至否定其原有的部分内容，对理论做出局部的调整；或者出于对理论的美学上的或逻辑上的简洁性、严谨性的要求，而对一种理论在形式上做出重大的改造和调

① 请详见本书第四章第三节的阐述。

② 参见库恩《科学革命的结构》，上海科学技术出版社 1980 年版，第 5 页、第 64 页等。

整，就像牛顿力学体系在19世纪经过拉普拉斯、拉格朗日和哈密尔顿等人的努力在表达形式上获得了十分重大的改进那样。所有这些变化也都可以在某种意义上被视为“变革”。在这里，“变化”和“变革”在很大程度上只是用语上的差别而已。但是，十分明显，像这样一类的变化和变革不可能被认为是一种“科学革命”，即使像库恩这样想要承认有“小的科学革命”的科学史家或科学哲学家，也都会一致地、毫无疑问地把它们判定为只是科学的“常规”发展。至于这里所附加的“重大”这个限定语，也并不会帮助我们把概念厘清，因为它本身也只是一个模糊概念。因此，我们仍然需要把与“科学革命”相对应的“科学理论的重大变革”界定清楚。

读者从图4-1中，一定已经注意到，我们像库恩一样，引进了“规范”一词，并且从字面意义上，我们似乎也像库恩一样，把科学危机看作是“规范危机”，把“科学革命”看作是“规范变革”。根本区别是在于：我们赋予“规范”一词以与库恩所说的“规范”完全不同的意义。库恩的“规范”概念，内容庞杂、含糊；而且库恩在他的著作中从未在始终如一的同一意义上使用“规范”一词，只有在一点上是清楚的，即他的“规范”是包括“理论”并且是比“理论”大得多也泛得多的概念。而我们却是试图通过我们所定义的“规范”一词来抓住“科学革命”，即科学理论重大变革的核心，以至于能通过“规范的危机”来描述或说明科学理论的危机，通过“规范的变革”来描述或说明科学理论的变革，并且这种变革势必是科学理论的“重大的和根本性的变革”，从而来说明“科学革命”。问题是：我们能够赋予我们所说的“规范”以清晰的含义，并且能够通过它来对科学危机和科学革命做出合理的描述吗？现在看来，这是能够的。

我们仅仅赋予“规范”一词以一定科学学科中的理论基础或基础理论这种简单的含义。我们之所以要把“规范”一词稍有区别地分别指称科学学科中的“理论基础”和“基础理论”，这是为了便于用它来描述科学中范围相对较小、只涉及局部领域的科学革命和科学中的范围广泛的大革命之间的区别。

所谓一定科学学科中的理论基础，主要是指这一学科的科学理论中的基本概念和基本原理。科学理论中的基本概念主要是用来描述理论所假想的存在于现象背后并支配着现象的基本实体或基本作用和过程的，而基本原理则陈述着支配这一现象领域的最基本的规律。科学理论的大厦就建基于这些基本概念和基本原理的基础之上；它们不但描述了相关世界的基本图景（本体论描述），而且成了科学理论用以广泛地解释和预言现象的最基本的依据。[①] 因此，这些基本概念和基本原理在一门科学的理论体系中处于一种十分特殊的地位之上。如果这些基本概念或基本原理受到了严重的冲击，以致面临着崩塌的危机，那么就意味着建基于其上的整个科学理论的大厦面临着崩塌的危机；如果一门学科中基本概念和基本原理发生更替，即原有的基本概念和基本原理崩塌了，被另一些新的不同的基本概念和基本原理所取代，那就意味着这门学科中的理论发生了根本变革。这也就意味着：在这门学科中发生了一场革命。众所周知，在19世纪与20世纪之交的物理学危机中，普恩凯莱入木三分地分析这场危机，也是集中指出了物理学中的五大基本原理发生了危机，而他预示的革命，也是指出了物理学的基本原理或理论基础将发生变革，实际上是预示了后来发生的相对论和量子力学的革命。爱因斯坦后来也强调了同样的思想。爱因斯坦实际上也把科学理论的变革看作是它的基本概念和基本原理的变革，他十分清楚地分析了基本概念和基本原理在一门科学理论中的核心和基础的作用。他们都十分清晰地抓住了科学危机和变革的真正的核心成分。正如历史上哥白尼理论取代托勒密理论、拉瓦锡的氧化说取代热质说、达尔文的进化论取代突创论、神创论，其基本的核心都是其基本概念和基本原理发生了变革，从而对相应的世界图景的描述发生了根本的变化一样。

对于任何一门成熟的科学理论来说，什么是它的基本概念和基本原理，这并不难以确定。例如，对于牛顿力学来说，它的基本概念就是力、质量、动量、惯性，以及绝对空间、绝对时间等等，而它的基本原理就是三大运动定律和万有引力定律。任何一位科学家对于自己专业范围内的科学理论，大概都能辨认出什么是它的基本概念和基本原理，并且在不同的科学家之间能够取得共识；因为科学理论都有一定的结构，通过对这种结构的分析，就能辨认出它的基本概念和基本原理。所以，我们所说的“规范”的这一层意义——一定科学学科理论中的理论基础，其含义是十

① 所以，笔者所说的“理论基础”的含义（基本概念和基本原理）不但与爱因斯坦的观念十分一致，而且也十分类似于英国物理学家兼科学哲学家坎贝尔所说的科学理论结构中的“假说”的部分。“理论基础”的变革，相当于坎贝尔所说的“假说”或“类比”的根本变化。

分清晰的，它完全不具有库恩意义下的“规范”或拉卡托斯以及劳丹意义下的“研究纲领”或“研究传统”等等用语所具有的那种模糊、含混和概念的不确定性，并且实际上可以用它来相当好地描述任意科学学科领域中的科学危机和科学革命。

但是，历史上发生的科学革命，不但有相对说来主要是局限于某一学科领域的根本性的理论变革，而且还会发生某种影响更为深远的，往往涉及一系列学科或学科群的基础性理论的变革。这是一种真正涉及人类在历史进步中的整个世界观变革的科学大革命。在这样的科学大革命中，不但包含有许多学科或学科群中的基本概念和基本原理的变革，而且（在更重要的意义上）还发生了作为这些学科或学科群所共有的基础理论发生了转移或变革。

在科学中不同的学科或学科群中，为什么会出现它们所共同赖以支撑的“基础理论”这种东西呢？这也是与科学所追求的“科学理论的统一”这个目标直接相关的。①

追求科学理论的统一，这是自古以来的科学所潜在地始终追求着的目标，虽然直到近代科学产生以后才显示出了实现此种目标之途径的端倪。正如我们在本书第二章以及在别处所曾经指出，近代科学的发展显示出科学理论的统一，是通过科学理论的“还原”与“整合”的途径来实现的。如果一群学科中的理论都能通过各自的方式在某一特定的学科理论 $T_0$ 中得到还原，那么 $T_0$ 就获得了这些学科中的基础理论的地位。正如在经典科学时期里，遵循着牛顿的科学纲领：“希望……从力学原理中导出其余自然现象”，而曾经使得力学理论成了物理学中各个分支学科共同的基础理论，甚至还成了整个自然科学的基础理论那样。

至于整合的方法，虽然它不同于还原的方法，但由于整合的结果往往是产生出某种能把各相关学科中的问题放在更加广阔的脉络中寻求对它们的统一的、系统性理解的普遍性理论，因而最终也能以或强，或弱，或以部分的方式使那些学科中的理论在新的普遍性理论中得到还原。所以，所

---

① 参见本丛书第三分册第三章第二节。关于“科学目标”和“科学进步的三要素目标模型”的原始讨论，可参见拙著《科学的进步与科学目标》（浙江人民出版社 1990 年版），以及拙文《科学进步的目标模型》（载《中国社会科学》1990 年第一期）和“On the Aim Model of Scientific Progress, SOCIAL SCIENCES in CHINA No. 4, 1991”。

谓“基础理论”，就是成为其他许多学科或学科群的共同理论基础的那种理论，而这种作为共同理论基础的理论实际上就成了其他学科理论进行还原的方向。在科学的发展过程中，如果作为各门学科的共同理论基础和还原方向的“基础理论”发生了危机，那就将意味着发生了一场影响广泛而深刻的普遍性科学危机；如果这种作为各门学科的共同理论基础和还原方向的“基础理论”发生了更替或变革，那就将意味着科学中发生了一场广泛而深刻的，具有普遍意义的大革命。考察科学史，我们将不难发现科学史上曾经发生过这种大革命，就像17世纪发生的伽利略—牛顿革命和20世纪初发生过的相对论量子力学革命那样。

至于什么是一系列学科或者学科群中的“基础理论”，这同样是不难辨别，并且在科学家之间也是能够取得共识的。例如，在经典科学时期，牛顿力学曾经是物理学各分支学科的理论基础，并且成了物理学各分支学科理论的还原方向。所以，牛顿力学曾经是经典物理学这个学科群中的共同的基础理论。在某种程度上，我们甚至可以说，牛顿力学曾经是整个自然科学的基础理论，因为科学家们曾经努力用牛顿力学去解释一切自然现象，使牛顿力学成为其他学科的理论基础，或者使其他学科的理论在牛顿力学中得到还原。而19世纪末20世纪初所发生的那场科学危机和革命，它的最基本的特征，正是它的“基础理论”方面所发生的危机和变革。在20世纪的物理学中，牛顿力学失去了它作为“基础理论”的地位，因为它已不再那么“基础”；相反，它自己成了一种只不过是“可导出的”理论，即它只不过是相对论和量子力学理论的某种极限条件下的近似。在20世纪的物理学中，相对论和量子力学成了物理学这个学科群中的“基础理论”。在某种程度上，量子力学甚至还取代了牛顿力学在经典自然科学中的地位，它不但成了物理学各分支学科的理论还原的方向，而且也成了化学、生物学等学科理论的还原的方向。这种“基础理论”的更替和变革，深刻地影响到科学所描述的整个世界图景的变革。也就是从这个意义上，这种影响广泛的科学革命导致了世界观的变革。

由以上分析可见，我们关于“规范”一词所赋予的另一层含义——“基础理论”——同样是清晰的和可判定的，它们同样完全不具有库恩意义下的“规范”或拉卡托斯以及劳丹意义下的“研究纲领”或“研究传统”等等用语所具有的那种模糊、含混和概念的不确定性，并且实际上可以用它来相当好地描述历史上曾经发生过的范围广泛、影响深远的某种普遍性的科学危机和科学革命。

这样，结合着我们在本丛书第三分册第三章中所曾经详细讨论过的关于科学目标的论述以及我们上面的有关论述，我们就能得到如下一系列重要的命题和定义：

命题1：科学的总目标是如下三项的合取：①科学理论与经验实事的匹配，包括理论在解释和预言两个方面与经验实事的匹配，而这种匹配又包括了质和量两个方面的要求；②科学理论的统一性和逻辑简单性的要求；③科学在总体上的实用性。关于命题1的详细的说明及其合理性的辩护，请参见本丛书第三分册第三章或拙著《科学的进步与科学目标》[①]。根据上述拙著的分析，我们还将有命题2。

命题2：由于科学追求"科学理论的统一性"这个目标，所以当科学发展到一定成熟阶段的时候，在科学理论的结构以及一定科学学科群的理论结构中，将显示出存在有某种可称作"理论基础"或"基础理论"的某种特殊成分或要素。

并有下列定义：

定义1：理论基础 = df 科学理论的基本概念和基本原理。

定义2：基础理论 = df 一定科学学科群中作为共同理论基础的理论，该理论是这个学科群中其他学科理论的还原方向。[②]

由此我们就能进一步对科学危机和科学革命的其他概念做出如下简明而清晰的定义：

定义3：规范 = df 一定科学学科或学科群中的理论基础或基础理论。

请读者注意：尽管我们使用了"规范"一词，但是从我们对"规范"所下的定义中可以看出，我们赋予了"规范"一词以与库恩所使用的"规范"一词非常不同的意义。因此，尽管我们在以下的论述中，有意识地保留并使用了库恩曾经使用过的相同的语词，但它们的含义却也将相应地发生根本性的重大的变化。因而，我们所说的"规范"与库恩所说的"规范"是两个完全不同的概念。在库恩的理论中，"规范"一词是比理论本身还大得多和泛得多的概念，而在我们的理论中，"规范"一词只是抓住了科学理论或科学学科群中的核心成分，或是说，是牵住了它们的牛

① 参见林定夷《科学的进步与科学目标》，浙江人民出版社1990年版。

② 关于"科学理论还原"的相关理论，请参见本书第二章。

鼻子。

定义 4：常规科学 = df 严格遵循某一种或数种既成规范所进行的科学研究。

我们注意到，库恩曾经对"常规科学"一词下过如下的定义："'常规科学'是指严格根据一种或多种已有科学成就所进行的科学研究，某一科学共同体承认这些成就是一定时期内进一步开展活动的基础"[①]。库恩的这个定义既含糊，而且在他的解释之下，他的定义中所说的"一种或多种成就"就是他所说的那种"规范"，他突出地强调，常规科学只允许有唯一的规范。但我们曾经一再地指出：即使在库恩的意义下使用"规范"一词，说常规科学只允许有唯一的规范，也是不恰当的。我们还曾特别地指出："由于作为科学目标的诸要素是相互制约的，因此，科学发展中相继出现的竞争理论在实现这些目标的方向上可能顾此失彼。一个后继理论可能在某些方面优于原有理论 A，但在另一些方面却可能暂时劣于理论 A；理论 B 往往要经历过一个相当长时期的调整或修正才可能在总体上或全面地优于理论 A 而取代理论 A，而且在竞争中还可能出现另一些理论 C 和 D。因此，多种相互竞争的理论在科学中共存是一个规律，除非在一段时间内某个理论 A 全面地优于其他竞争对手而居于绝对统治地位。所以，库恩的那种只允许有唯一规范的'常规科学'不符合科学的'常规'历史，用这个概念来描述科学的一般历史进程是不合理的。"[②] 而在我们的定义之下，常规科学时期将允许存在不同的规范，不同的学派常常意味着他们各自遵循着不同的规范；常规科学时期允许存在不同学派的竞争与共存，只有在已说明的那种特殊条件下，才会出现如库恩所描述的那种唯一规范的统治。

综观当代的科学史，我们看到，作为当代地质学领域之基础学科的"大地构造学"这门学科，直至 20 世纪 80 年代，至少仍然存在着槽台学说、多回旋说、地洼学说、地质力学、板块学说等等多种有影响的假说或理论共存与竞争的局面，即使在作为物理学之基础的领域中，关于量子力学的解释理论，也不但有著名的居于主导地位的哥本哈根学派的理论，而且也有始终不息地与之竞争的玻姆的隐变量理论，等等。只不过在这些竞

---

① 库恩：《科学革命的结构》，上海科学技术出版社 1980 年版，第 8 页。

② 参见本丛书第三分册第三章。

争的理论中，常常有某种理论占据优势甚至统治地位罢了。所以我们不应当承认库恩的只允许唯一规范的“常规科学”概念的合理性。为此，我们引进某些进一步的概念。

定义 5：学派 = df 严格遵循某一种特定规范进行研究的科学家共同体。

在库恩看来，在常规科学时期里，如果有某一位科学家拒斥某种规范，那就等于他自外于科学，他将不再被科学共同体成员继续承认为一名科学家；如果有一位科学家在“解难题”中遇到麻烦而指责规范，那就不可避免地会被他的同伴讥笑为“责备工具的木匠”。而在我们看来，常规科学时期里也可以有不同的学派，这些不同学派的成员虽然遵循不同的规范从事科学研究，但却仍然能相互承认为科学家或某一学科内的科学共同体成员；在一个科学共同体内可以允许有不同的学派存在，这些学派只是这些科学共同体内的各具特点的更小的科学共同体。

定义 6：研究传统 = df 严格遵循某种特定规范进行科学研究的活动所构成的诸种特色之沿袭。

所以，并非像库恩和劳丹所理解的那样，一种常规科学只能有一种传统，而是在一种常规科学时期里可以存在有不同的研究传统；不同的科学学派往往有不同的研究传统。当然，如果某种研究传统是和常规科学时期里某种居于绝对统治地位的规范相关联的，那么，这种研究传统也可被看作是某一时期中常规科学的研究传统，或称为某一时期的“科学传统”。例如，自 17 世纪至 19 世纪盛行于科学界的机械论研究传统，就可看作是那一时期的科学传统。

定义 7：规范危机 = df 一定科学学科或学科群的某种特定状态的理论基础或基础理论（面临“崩塌”）的危机。

所以，在我们看来，“规范危机”并不意味着一定构成“科学危机”，因为这里的“规范”可能只涉及某种特定的学派或研究传统，因而这种“规范危机”可能是只关涉到相关的学派或研究传统的危机。仅当某种特定的、在一定的常规科学时期里已为某一学科或学科群中的科学共同体成员所公认的或至少在某一学科或学科群中居于统治地位的规范发生危机时，才会构成“科学危机”。例如，假定在 30 多年前的大地构造学这种存在多种假说或理论相互竞争的条件下，地质学界在经过了一番认真的争论与研究以后，终于突然发现，并且一致地认为，其中的某一种有影响的理论（如地质力学、地洼学说或其他学说），它的基本概念和基本原理是根本不能成立的，即这个学派所依据的规范面临了严重的危机（甚至已被推翻了），这当然将会构成这个学派或相应的研究传统的危机。但是，这种危机一定会构成大地构造学这门学科的危机吗？不！只有当一门学科或一个学科群中科学共同体成员所公认的或至少在某一学科或学科群中居于统治地位的规范发生了危机时，才会在这一学科或学科群中发生“科学危机”，就像普恩凯莱当年分析了经典物理学的一些基本概念和基本原理面临崩塌的危机时，确实构成了一场深刻的“物理学危机”那样。所以有：

定义 8：科学危机 = df 一定科学学科或学科群中已获得普遍公认或至少已居于统治地位的规范发生危机。

定义 9：科学革命 = df 一定科学学科或学科群中普遍公认的或居于统治地位的规范发生更替或变革。

借助于我们已引进的“规范”概念，实际上我们也可以有如下的简要公式或定义。

定义 10：科学危机 = df 居于统治地位的规范危机。

定义 11：科学革命 = df 居于统治地位的规范变革。

有了以上这些基本概念以后，我们就可以来进一步讨论科学革命的机制问题了。其中包括讨论科学革命或科学危机是否会有先兆；有了那些先兆以后，是否一定导致“危机”；“危机”的条件；科学危机时期的主要特征和迹象；由危机而导致革命的条件；以及科学在发展过程中导致科学危机和革命的基本的动力学机制；最后（用另一节）来专门讨论科学“由于革命而导致进步”，特别是要从机制上来回答通过“科学革命”之所以能导致科学进步的原因，而这个问题正是库恩的“规范变革理论”以及劳丹的“网状模型”都不能予以回答的，甚至在他们自身理论的逻辑压力之下不得不做出负面回答的（即否认科学通过革命以后将导致进步）。

由于库恩曾经对科学革命的理论做出过影响广泛而深远的研究，因而，在下一节将首先对库恩的理论进行简要的评述。

## 第四节　对库恩科学革命之理论的再评述

让我们围绕某些重要的问题来对库恩的理论进行再评述。

首先，“科学革命”或者说“科学危机”是否有先兆？对于“科学革命是否有先兆”这个问题，库恩的回答是肯定的。因为在库恩的“危机-革命的捆绑模式”之下，“危机”显然是“革命的先兆”（或曰“危机是革命的前夜”）。或者用库恩的话来说：科学危机是导致科学革命的“必要前提”。但是，对于库恩而言，严重的问题首先是：科学危机的来临会有先兆吗？

实际上，许多科学史家，特别是库恩，它们显然还是明确地承认科学危机的来临是有先兆的。但问题仍然是在于：它们虽然承认有先兆，但是关于先兆的观念却仍然是模糊的。

库恩曾强调出现“反常”（anomalies）对于导致“危机”的先兆性意义。虽然库恩曾明确地反对波普尔的那种简单证伪主义理论，后者以为经验证据能够在明确的意义上（或曰“从逻辑关系上”）证伪一种理论，因而，库恩强调，他所说的“反常”不可能是波普尔意义下的那种对于理论真正可以起证伪作用的“逆事例”（反例）。相应地，库恩也明确地认为：“规范”面临反常，并不等于规范就面临了危机；相反，常规科学中也会经常出现反常。但是，库恩确实又特别地强调发生“反常”在使常规科学走向危机的过程中的特殊作用。因为在他看来，所谓发现反常，也就是意味着发觉自然界违反了常规科学的预期[①]。

在库恩看来，“事实的发现”与“理论的发明”总是紧密地交织在一起的。所谓“发现”，往往是首先起源于发觉“反常”，继而进一步扩大探索反常的区域，然后是通过调整理论以消化反常。所谓“消化”反常，也就是通过调整规范终于使反常成为理论所预期的东西。所以在库恩看来，一种反常或一种新现象的发现，都是有可能去影响甚至改变规范的。问题只在于“一种新现象及其发现者所具有的价值，将随着我们估计现象违反规范预见程度的大小而改变”[②]。有的反常，往往仅仅通过规范内

① 参见库恩《科学革命的结构》，上海科学技术出版社1980年版，第43页。

② 库恩：《科学革命的结构》，上海科学技术出版社1980年版，第46～47页。

部的小小调整就被消化。因而这类消化反常的努力仅仅属于常规科学的研究，或者说它们仅仅是常规科学中的“解难题”（puzzle solving）的活动，但是，如果常规科学长期解不开它所应当解开的难题，那么就将导致危机。

但是，问题在于：何谓“常规科学长期解不开它所应当解开的难题”呢？库恩承认，这种“长期解不开的难题”不可能是真正起“证伪”作用的“逆事例”。他认为，科学中出现的事件被叫作“反常”、“难题”或“逆事例”，这些概念仅仅只是在心理的意义上有所不同，而在实际上是没有可以明确区分的界限的。在常规科学时期，科学家常常仅仅把“反常”看作是待解决的“难题”，而不把它们看作是“逆事例”。真正意义上的逆事例是不存在的；所谓“逆事例”，往往只是在时过境迁以后，即当旧规范已经被新规范所取代而实现了科学革命以后，旧规范时期那些长期未被它解决的反常才被看作是它的“逆事例”。库恩关于“反常”、“难题”和“逆事例”这些概念关系的见解显然是十分有见地的，所可惜的只是他未能从科学理论的结构和科学理论的检验结构与检验逻辑的角度上做出分析性的说明，他的那些见解毋宁说只是对历史上的科学家在科学发展的不同时期里，对于他们所面临的反常将会有怎样的不同心态（即把“反常”看作是什么的不同心态）做出了恰当的描述。相联系地，库恩常常不是从客观的意义上，而仅仅是从心理的意义上，把“科学危机”描述为科学共同体对现有规范广泛发生严重的信心动摇的状态，或者“专业显著不稳定”的状态。他曾强调地指出：“这种不稳定来源于常规科学长期解不开它所应当解开的难题，现有规则的失败，正是寻求新的规则的前奏”[①]。附带说一句，与库恩不同，我们往后将注重于从客观的意义上来理解“科学危机”，即把“科学危机”理解为“客观知识”的一种状态。这里所说的“客观知识”十分接近于波普尔对这个词的理解，即他所说的“世界3”。我们今后也将从“客观知识”的内部结构和关系的意义上来考察科学革命的机制，而不是像库恩那样主要只是从科学社会学和科学心理学的意义上来描述它。关于这一点，希望读者在往后的阅读中予以注意。但是，正好是库恩从历史学和心理学的意义上提出了上述那些十分有见地的见解（在这里，说它“描述”也罢，“分析”也罢，都无

① 库恩：《科学革命的结构》，上海科学技术出版社1980年版，第56页。

关紧要)，却又引出了新的必须回答的问题。

第一，既然“反常”、“难题”、“逆事例”实际上并无本质的区别，那么，为什么有许多反常并不导致危机，而有的反常却导致了危机？库恩可能会辩解说：导致危机只是因为常规科学长期解不开它应当解开的难题或反常。但是，这并不符合历史，即使以库恩自己曾经列举过的历史事例也是如此。例如，历史上，托勒密体系曾经有过它长达数百年，甚至上千年的时间里未曾解开它“应当解开”（何谓“应当”在这里也是很模糊的）的难题，但却并未引起危机；托勒密体系只是到了15世纪前后才出现了危机。反过来，有的反常仅仅出现了很短的时期，却造成了相关学科的危机，例如，镭和放射性现象的发现，几乎立即就造成了能量守恒定律的危机，从而也导致了物理学的危机，同样，迈克尔逊实验的结果，也几乎立即导致了相对性原理的危机，同样也成为导致当时物理学危机的一个重要原因。其他的类似情况很多，无须一一举例。

第二，库恩如果一味强调科学危机是由“常规科学长期解不开它所应当解开的难题”，那么，他在这里所说的“长期”这个概念也实在是太过模糊了。这“长期”是指100年、200年、500年还是“30年”，“50年”？它们在不同的标准之下都可以被看作是“长期”的。然而事实上，正如所已经指出，科学中，如托勒密体系，曾出现过它在几百年中未曾解决的难题却并未造成危机；但在19世纪末，刚刚出现的一些实验结果(反常)，如黑体辐射、迈克尔逊实验、镭的放射性等等却马上成了科学中真正“危机”的来源，它们冲击科学中的旧规范，使旧规范迅速瓦解。由于库恩实际上不仅把“反常”仅仅看作是危机的先兆，而且在相当强的程度上把“反常”看作是引起危机的原因，但在他的理论中，却从来没有能真正说清楚，“反常”何以会作为先兆而导致危机，或作为引起危机的原因，因而就使问题变得更加复杂而且尖锐起来。

由于库恩在他的著作中大量地谈到“反常”与“危机”的关系，但实际上却从未清楚地阐明过这种关系，于是在许多库恩理论的研究者中间，特别是在我国的库恩理论的研究者中间，就出现了如下的说法，即：库恩理论认为，常规科学时期也会出现反常，但“反常的积累将导致危机”。平心而论，把这种观点加之于库恩，未必一定是合适的。因为至少有一点是清楚的，库恩自己从未表述过这种观点。而且，显而易见，这是一种比库恩曾经表述过的其他表述更为模糊的表述。因为这里所说的反常的“积累”，只是一种数量上的积累。问题是，这种数量上的积累究竟要达到何种程度，才会突然转变为“危机”？除非我们准备接受某种黑格尔式的“套套逻辑”，认为对于任何问题我们都能用这种“套套逻辑”糊里糊涂地“套过去”（应读做“逃过去”）；否则，这里的“玄机”肯定会把人投入更加浓密的“云里雾里”。[①] 但是，人们之所以会做出这种误解，部分原因还是要怪库恩自己对这个问题的阐述本身从来是模糊不清的。

然而，公正地说来，我们还是应当指出：库恩的理论虽然模糊，但是比起上述那种加之于他的模糊概念来，却还是要清晰得多；它所讨论的内容，也要比那种贫乏的（包括曲解的）概括要丰富得多、具体得多。库恩在他的著作中竭力想要表明，科学规范面临反常固然不等于规范面临了危机；而且还想要表明，即使反常的累积也不等于危机。他竭力想要指出：反常只有结合着一定的条件才会造成（导致）规范的危机。并且，他还通过许多丰富的历史上的案例分析想来揭示出这些条件。所以，如果我们想用某种简化的公式来表述库恩的思想的话，那么将有：

$$\text{反常} \neq \text{危机}$$

$$\text{反常} + A = \text{危机}$$

这里的“A”是库恩通过种种案例分析所力图加以说明的使反常导致危机的附加条件。从他通过种种案例的前后分析来看，这种使反常终于演变成危机的附加条件 A 可能是各种各样的。例如，它可能是：①常规科学长期解不开它所应当解开的难题；②为了消化反常，使理论变得愈来愈复杂和混乱，失去了理论内在的美或逻辑上的和谐；③外部的社会因素，如社会提出了某种迫切的技术上的需要。

所有这一切，都可以使本来不尖锐的某种普通的反常，骤然变得尖锐起来，以至于导致了科学中原有规范的危机，要求创建某种新的科学规范或理论（解题能力更强的科学规范或理论）来代替它。但库恩毕竟未能用任何清晰的语言对于他想要予以说明的能使反常演变成危机的这些附加条件（A）给出任何普遍性的概括，而他通过结合案例分析所给出的那些特殊条件却又难免挂一漏万或失去普遍性。所以，在库恩的理论中，由反

---

① 至于这种黑格尔式的“套套逻辑”形而上学性质，我们在别处已作过讨论。请参见林定夷《近代科学中机械能自然观的兴衰》。在本书第二章讨论科学与非科学的划界问题时，也曾经对这种套套逻辑进行过批判性的讨论。

常导致危机的机制的说明归根结底仍然是模糊不清的。库恩自己曾经通过案例分析后指出："因此，如果一种反常现象是会引起危机的，它通常必须不仅仅是一种反常现象。"[①] 接着，他又指出："因此，我们必须问，是什么使一种反常现象看来值得一致努力去考查。对于这个问题，看来没有完全一致的回答。"[②] 除了他曾结合若干科学史案例指出的情况（条件）以外，他也曾明白地补充说："大概还有其他情况能使一种反常现象特别紧迫，通常几种情况会相互结合。"[③] 最后，他只是说："为了这些理由或其他类似的理由，当一种反常现象达到看来是常规科学的另一个难题的地步时，就开始转化为危机和非常科学。于是这种反常现象本身就这样被同行们更为普遍地认识了。"[④] 总之，在库恩那里，他从未能用任何清晰的语言，并用统一的方式指出产生科学危机的一般原因。

原则上，库恩关于科学危机的根源和机制的理论，不但是模糊的，而且是偏狭的。因为在他的理论中所说到的"反常"，其意义仅仅是"经验反常"（或如劳丹所说的"经验问题"），几乎完全忽视了劳丹所说的"概念问题"在造成科学传统变革中的重要作用；而且还由于他不恰当地强调"常规科学"只允许有唯一规范的统治，因而他也不恰当地和人为地排除了"竞争对手"的出现将会对于原有的某种规范或理论构成威胁，并最终在使这种规范或理论走向崩溃的危机中所起的重要的动力学的作用。在他的理论之下，"竞争对手"的出现只是危机的结果，而不可能是危机的原因。用他的话来说，"首先是由于危机，才有新的创造"[⑤]。"新理论都只能在常规解题活动已宣布失败以后才涌现。"[⑥]

由于库恩关于造成科学危机的根源和机制这个问题上的理论，既模糊又偏狭，所以他虽然对科学危机时期的某些特征和症候做出了相当正确的描述，但却不能正确地解释它们。例如，他曾十分正确地强调，科学危机作为科学革命的信号所经历的时间总是十分短暂的，他甚至还通过对科学史上典型案例的分析而明确断言："旧理论的破产以及各种理论的骤然激

---

① 库恩：《科学革命的结构》，上海科学技术出版社 1980 年版，第 68 页。
② 库恩：《科学革命的结构》，上海科学技术出版社 1980 年版，第 68 页。
③ 库恩：《科学革命的结构》，上海科学技术出版社 1980 年版，第 68 页。
④ 库恩：《科学革命的结构》，上海科学技术出版社 1980 年版，第 68 ～ 69 页。
⑤ 库恩：《科学革命的结构》，上海科学技术出版社 1980 年版，第 63 页。
⑥ 库恩：《科学革命的结构》，上海科学技术出版社 1980 年版，第 62 页。

增作为一个信号，不会超过新理论发表前一二十年。”[①] 尽管我们不能绝对地说每一场科学危机的历时都不可能超过 10～20 年，但他强调科学危机的历时都相对短暂，这却无论如何是正确的。我们已经看到，“世纪之交”（19 世纪末、20 世纪初）的那场规模巨大、影响深远的“物理学危机”（它有时甚至被称为广泛的“科学危机”），它所持续的时间至多也不过 20 年左右。但是，由于库恩对科学危机的根源和机制的理解既模糊又偏狭，所以他根本无法说明造成这种特征的原因。

以上我们较详细地剖析了库恩在科学危机的根源和机制这个重要问题上的理论及其缺陷。对于我们所要讨论的“科学革命的机制”这个大问题来说，关于科学危机的根源和机制，只是一个局域性的子问题，而不是问题的全部。如果试图进一步去剖析库恩以及其他学者在关于“科学革命的机制”问题上的全部理论，那将势必需要花费大量的笔墨。我们只是试图通过对以上局部问题的剖析，对于我们所涉及的问题境况，窥其一斑。[②] 由于篇幅有限，在我们往后的讨论中，将不再花费太多的笔墨去剖析或评说库恩或其他著作家在有关“科学革命的机制”的其余相关问题上的理论，如果确有必要，也只能约略提及，而只得把余下的有限篇幅尽量节省下来倾全力去正面地论述我们自己关于“科学革命的机制”这个问题上的理论主张。而这些理论主张，与背景理论中已有的主张或一致，或对立，或牵挂的种种关系，除了作必要的说明外，却不可能再作详细讨论，而只能让它留给读者自己去剖析了。这一点，务请读者予以原谅。

## 第五节　科学革命的机制：我们的见解

在我们看来，科学危机是有“先兆”的，这些先兆也可以在较强的

---

① 库恩：《科学革命的结构》，上海科学技术出版社 1980 年版，第 62 页。

② 对于“科学革命的机制”这个问题的研究境况，我们之所以集中剖析库恩的理论及其缺陷，是因为迄今为止在“科学革命的机制”这个问题上，正是库恩研究得最多，而且他的理论也影响最大，最有代表性。近些年来，科学史界也从编史学的意义上愈来愈关注于“科学革命”问题的研究。但这些研究，多是从史学角度上的研究，而不是从科学哲学的角度上去研究“科学革命的机制”。1985 年，著名的美国科学史家柯亨出版了他的极有影响的专著《科学中的革命》主要也是从科学史学的角度上探讨了科学革命历程中可能的阶段划分方式，以及对是否发生了科学革命，应当有哪些经验判据等等编史学方面的问题，而不是从科学哲学的角度上讨论“科学革命的机制”。

意义上理解为产生科学危机的“前提条件”。

**前提条件一：**规范面临了严重的反例或反例的积累。这里所谓的“反例”，正是一种习惯用语。我们已在本丛书第二分册第五章中通过科学理论的检验结构与检验逻辑的分析而证明过，不可能有这样的“反例”，它能够在严格的逻辑意义上“反驳”或“证伪”一种理论，特别是在涉及这种理论之深层假说的基本原理时。相反，总有可能通过调节或补充其他辅助假说的办法来维护某种理论或它的基本假定，因而“反例”总是有可能被消化。我们甚至还曾明确地指出过：通过“对于科学理论的检验结构与检验逻辑的讨论，我们应得出如下明确的结论：除了在一个理论体系内部包含有相互矛盾的命题（即理论本身不自洽），因而我们能从分析的意义上判定它为假以外，对于任何一个科学理论，我们企图通过经验的检验，是既不可能证实，也不可能证伪它们的”。只要不跨过界线，我们同意整体主义的如下结论：我们关于外部世界的陈述，不是个别地，而是作为一个整体，去出席感性经验的法庭的①。从这个意义上，我们所说的“反例”，与库恩所说的“反常”将完全是同一个意思，今后我们将无区别地使用“反例”与“反常”这两个语词。

这里说到的规范遇到了“严重的反例”，这种反例的“严重”性，可以从库恩结合科学史案例分析所已被我们指出过的前述意义上去理解，作为一种补充，我以为还特别应当从当代科学家们所努力追求的所谓“干净的实验”的意义上去理解。关于“干净的实验”，我们已在本丛书第二分册第五章第三节中作过专门的分析和说明。我们在这里仅限于指出，当满足“干净的实验”的那些条件时，所出现的“反例”将构成“严重的反例”。在科学的历史上，不乏这种满足“干净的实验”的条件而导致“严重的反例”的案例。例如，19 世纪末镭的发现以及 20 世纪 20 年代关于 β 衰变的实验，特别是后来所做的热值实验，可以说就是满足这种“干净实验”的条件而导致对能量守恒定律的“严重的反例”的典型案例，此外，迈克尔逊实验在当时对于相对性原理而言以及往后转而对于以太漂移说而言也属于这种情况。至于上面所说的“反例的积累”，当可理解为反例的数量的积累，等等。

但是，必须明确，仅有反例或反例的积累，并不足以构成规范的危

① 参见蒯因《经验论的两个教条》，见蒯因《从逻辑观点看》第二章。

机，即使出现了严重的反例也并不足以构成规范的危机。因为反例（即经验反常）总是有可能被消化，即使是“严重的反例”也还是有可能被消化。所以，规范面临反例或反例的积累，甚至出现了“严重的反例”，也只是提供了一种规范危机的信号或前兆，严格地说来，它们是构成了规范危机的一个“前提条件”。但仅有这种“前提条件”，并不必然造成规范的危机；规范危机还必须满足其他条件，它们是前提条件二。

**前提条件二**：批判。即某些思想敏锐而深刻的科学家开始了对旧理论从它的根基上进行批判，亦即从我们所指称的意义上对“规范”（请记住，我们对“规范”一词所赋予的特有的内涵或定义：规范 = df 一定科学学科或学科群中的理论基础或基础理论）进行了批判。这种批判，既可能是借助于“反例”，即结合着反例的分析和反例的力量而进行的批判；但也可能完全与反例无关，也就是从图 4 - 1 中所显示的仅仅借助于“筛”的力量所进行的批判。这种批判，常常是非常基本的，因而往往能成为真正危及规范之生存权的巨大力量。从历史上看，这种批判常常能在更大的程度上动摇旧的规范。

例如，亚里士多德的动力学理论在 17 世纪以前的 2000 年间并非不曾遇到经验上的反例和反常，但这些反例和反常往往不被重视。但伽利略接过意大利数学家格·巴·班纳戴蒂在《多种多样的沉思》一书中所提供的思路，进一步揭露亚里士多德动力学原理的悖论，进行深入的批判，这却肯定使亚里士多德动力学理论陷入困境，并为进一步帮助人们摆脱对亚氏动力学的迷信，以及为伽利略—牛顿的力学和物理学革命开创重要的前提。因为依照亚里士多德的动力学理论，物体运动的速度与物体所受的力的大小成正比，所以重物下落的速度与物体的重量成正比。伽利略通过设计一个思想实验，从亚里士多德动力学的前提出发，把它引向了悖论，从而驳倒了亚里士多德的动力学理论。伽利略指出，如果有一个重物体 $M_1$ 和一个轻物体 $M_2$ 同时下落，那么，按照亚里士多德的理论，重物下落的速度 $V_1$ 就应当大于轻物的下落速度 $V_2$。那么，如果我们把重物 $M_1$ 和轻物 $M_2$ 捆绑在一起，它又将会以什么速度下落呢？他指出，按照亚里士多德的理论，就应当得出两个相互矛盾的结论：①$M_1 + M_2 > M_1$，所以它的下落速度应当大于 $V_1$；②$M_1$ 要以较大的速度 $V_1$ 下落，但 $M_2$ 要以较小的速度 $V_2$ 下落，因此后者对前者的下落速度将起一种抵消的作用。所以捆绑在一起的二物将以速度 V 下落，而 $V_1 > V > V_2$。伽利略揭露亚里士多德动力学的悖论（因为推理中所使用的附加前提也是亚里士多德理论中所包含的和至少能为它所认可的），这肯定能使亚里士多德理论陷于某种极端的困境。这种批判，尽管不是依据经验反常，但却具有无穷的逻辑力量，以致它的作用常常不是经验反常所能代替的。附带说一句，现在在我们的大中学校的物理学教学中，教师讲授落体定律往往只强调伽利略的落体实验（比萨斜塔实验），而不介绍伽利略所引证的亚里士多德动力学悖论，这是一种不应有的偏颇，更何况关于伽利略是否在比萨斜塔上做过落体实验，迄今没有可靠的史料上的证据。

又如，燃素论化学在18世纪70年代陷入了一场深深的危机。而这场危机的到来同样是以某些思想敏锐的科学家对它进行了深入的批判开路的。而这种深入的批判所依据的仍然是“筛”而主要不是引证“反例”。在当时，包括拉瓦锡在内的一部分思想敏锐的科学家已深深地不满意于燃素说理论，认为它是有十分严重的毛病的；而其中主要的毛病与其说是曾经出现过某些实验与它相严重冲突（即出现经验反常），毋宁说是这种理论本身的概念太过模糊和混乱，因而这个理论太缺少清晰性和精确性，从而使它既不能清晰、明确地解释和预言现象，甚至也不会有什么实验将会与它发生尖锐的冲突；而当某些实验（如金属煅烧中金属灰增加了重量）与它实际上发生了冲突时，它的支持者又不断地通过增加许多牵强附会的甚至特设性的辅助假说来予以解释，从而使得这个理论变得更加模糊和混乱。当时，拉瓦锡等科学家正是从“筛”这个角度上（而不是列举反例）来对燃素说进行批判的。拉瓦锡早在18世纪70年代初就已向燃素说发起了猛烈的攻击。在一次报告中他指责说：“化学家从燃素说只能得出模糊的要素，它十分不确定，因此能用作任何解释，愿意用到哪里就用到哪里。有时它是自由之火，有时又是与土素相化合之火；有时它透过容器的微孔，有时它又不能透过。它能够用来同时解释碱性和不存在碱性，透明性和不透明性，颜色和不存在颜色；它是真正的变色虫，每时每刻都在改变它的面貌。”[①] 因此，在拉瓦锡的眼里，燃素理论之所以不可接受，主要并不是它有多少反例，倒是因为这种燃素说理论实在有点像当今的某些我们所熟知的庸俗哲学理论一样，看起来它似乎对什么都能“解释”，但

① 转引自郭保章、董德沛编《化学史简明教程》，北京师范大学出版社1985年版，第106～107页。

实际上对什么都不能解释，或者只做出十分模糊的“解释”。拉瓦锡正是通过这种历史性的批判，而看到了应当去“全面性地从事某种工作”，而这些工作“注定要在物理学和化学上引起一次革命”[①]。

与伽利略、拉瓦锡所进行的批判一样，19 世纪 60 ～ 80 年代以马赫为代表的少数思想敏锐的科学家对牛顿力学和经典物理学的基础所进行的批判，对于后来于 19 世纪末所出现的物理学危机起到了某种“先导”和“先兆”的作用。马赫的批判同样不是着眼于揭露牛顿力学曾面临了多少反例或曾经出现了什么“严重的反例”；相反，马赫甚至不曾试图盯住它曾有什么反例，而主要是通过深邃的哲学审度的眼光，从“筛”或“方法论”的角度上，对牛顿力学和经典物理学的基础进行了深入的、可谓“入木三分”的批判。众所周知，马赫对牛顿力学和当时科学中所盛行的机械论传统的批判，所着眼的始终是它们的逻辑和认识论基础。他深刻地揭露了牛顿力学概念中的“伪定义”（如牛顿的“质量”定义），也深入地批判了牛顿力学的一些基本概念，如把“惯性”看作是物体的固有性质。马赫指出，既然牛顿把惯性视为物体抵抗外力改变其运动状态的能力，如果一个物体不受外力作用，那么它就将继续保持其原有的静止或等速直线运动状态。但是，何谓“静止”状态？何谓“等速直线运动”状态呢？这只能相对于一定的参照系才能被确定和描述。所以马赫深刻地批判说，把“惯性”看作是物体的固有性质，或者试图谈论孤立物体的惯性，这些都是同样没有意义的；在一个虚空宇宙中的物体无所谓惯性，惯性只有从物体和宇宙背景的动力学联系中才能被理解。马赫进一步“穷追猛打”，深入批判牛顿的时空观，指出绝对时空观并无经验的根据，并且也无法根据经验来确定，它们只不过是一些形而上学预设，因此，它们应当从科学中被清除出去；然而它们现在却被当作预设的前提而贯穿于牛顿力学的基本定律（如第一定律和伽利略变换等等）之中。此外，马赫还通过语义分析而揭示牛顿力学当前所表述的某些定律，其实不过是“同义语的反复”式的“伪定律”（如第一定律）等等而已。马赫的这些批判，虽不涉及反例，但却深入透彻，危及到了牛顿力学的基本概念和基本原理。在此基础上，他又进一步引申，把矛头指向当时统治科学的机械

---

① 拉瓦锡《日记》，这段话写于 1772 年或稍后。参见郭保章、董德沛编《化学史简明教程》，北京师范大学出版社 1985 年版。

论传统。马赫指出，既然连力学本身还尚无牢固的基础，目前的力学理论只是一种历史的偶然形态，因而把力学理论当作物理学其余分支的基础，认为所有物理现象最终都应当用力学观念来解释，这只是一种“偏见”。

马赫的批判终于迫使科学家们不得不重新思考和审度当时被认为已经建立得非常牢固的经典力学和经典物理学的大厦的基础，并且终于发现它们并没有建立在牢固的岩床上，毋宁说仍然至多不过是建基于沼泽的土壤中，马赫以及其他思想敏锐的科学家的这类批判，对于导致接踵而至的19世纪末、20世纪初的物理学危机和革命，显然起着十分巨大的先导和前兆的作用。青年时代曾经生活在这场物理学危机和革命的年代里，并且成了这场物理学革命的最伟大的旗手的著名科学家爱因斯坦，曾经公开地指出了马赫的这些批判的意义：“马赫曾经以其历史的——批判的著作，对我们这一代自然科学家起过巨大的影响。”[①] 并且明确地承认他自己曾从马赫的批判性著作中受到过“很大的启发”[②]。

但是，对于科学中的某种已经获得公认或者已取得统治地位的规范来说，仅仅满足了前述的两个条件：面临了严重的反例或反例的积累，以及出现了少数思想敏锐的科学家从根基上对它进行了深刻的批判，是否一定会使它面临危机呢？未必，甚至还可斩钉截铁地说：不会的。也许，对于常规科学时期某种参与竞争，但并未取得统治地位或普遍公认的规范来说，一旦面临了严重的反例或反例的积累，并且受到了一些思想敏锐而深刻的科学家从它的根基上对它进行了深刻的甚至摧毁性的批判，它就可能由此败下阵来，逐步地或迅速地失去支持者，然后就退出科学的正面舞台而成为一种历史陈迹，只有当后人在追述科学历史的时候也许还记得提到它一笔。可以设想，像前面曾经提到过的大地构造学中的任何一个学派，一旦满足了上述两个条件，在“筛”的作用下，它就有可能导致危机，甚至从此退出科学的正面舞台，然而却不会导致“大地构造学”这门学科的危机。但是，对于科学中已取得普遍公认或者居于统治地位的规范来说，要使它面临危机，却还必须满足另外的条件，即前提条件三。

**前提条件三：**出现了与原有规范相竞争的规范，后者威胁到了它的统治地位。因为对于在科学中已取得了普遍公认或已居于统治地位的规范来

---

① 爱因斯坦：《爱因斯坦文集》（第一卷），商务印书馆1976年版，第84页。

② 爱因斯坦：《爱因斯坦文集》（第一卷），商务印书馆1976年版，第86页。

说，如果仅仅满足了前两个条件，而没有出现新的竞争规范来威胁到它的统治地位的话，那么它的统治地位仍然能够得到维护。这时，在科学家中间，至少就其主体而言，仍然会把那些“反例”看作是规范待解决的“难题”，而“批判”的作用也主要是促进人们思考：如何去修补或改进规范，而不是抛弃规范，甚至会想尽办法来为规范辩护而抵御那种批判。在无望找到一个新的可能取代的方案之前，人们是不会抛弃旧规范的。

事实上，拿19世纪的机械论的物理学来说，在进入到19世纪20年代前后时，它就已经遇到了许许多多的反例，在光学和电磁学领域中，它甚至遇到了许多“严重的反例”。但是，科学家们始终不过是把它们当作待解决的难题罢了。机械论的物理学，早在18世纪就已受到过一部分科学家和哲学家的批判，但这种批判，对于机械论物理学的发展来说，却无伤宏旨。即使到了19世纪六七十年代，马赫已经对牛顿力学和机械论的物理学进行了深入的、看起来是致命的批判，但正是在这个时期，机械论的物理学却正经历着它的黄金般的鼎盛时期。在这一时期里，不但作为统计力学之前驱的分子运动论获得了巨大的发展，如麦克斯韦发现了著名的速度分布律（1860），克劳修斯引进新的热力学状态函数“熵”来表述热力学第二定律，发展了热力学理论（1865），玻尔兹曼又进而提出平衡态气体分子的能量分布定律（1872）……而且，对电磁理论作机械论的还原也获得了巨大的进展；在机械论的指导下，电磁理论获得了巨大的进步。所以，尽管有马赫等人对牛顿力学和机械论物理学的基础做出了如此深入、危及根基的批判，但在没有出现重要的竞争规范之前，机械论物理学并未陷入危机。我们曾经指出：法拉第的场的观念的提出意味着机械论物理学面临了一个可怕的竞争对手，是机械论行将陷入危机的一个最重要的信号或前提。但是，真正地说起来，法拉第的场的观念的提出，尽管对机械论物理学构成了一个真正的潜在的竞争对手，然而如果它还不够强大，则它也未必马上能造成机械论物理学的危机。当时的物理学家们接受场的观念，仅仅是把它当作便于解释现象的一种方法，同时又力图从旧规范（机械论物理学）的角度上对它进行消化（纽曼、韦伯、麦克斯韦等）。直到这种消化的努力一再失败，终于麦克斯韦自己也实际上放弃了对电磁理论作机械论还原的努力，电磁场理论才真正成了机械论物理学的一个有力的竞争对手，特别是当19世纪80年代赫兹宣告：电磁现象的理论就是麦克斯韦的场方程……要把场方程归结为（牛顿的）运动方程，那是“文不对题”。而且当这种观念获得了物理学界的认可时，机械论物理学才真正地面临危机了。因为场的图景终于成了它的一个可怕的竞争对手。要知道，科学终究是要寻求科学理论的统一性这一目标，它不能容忍“二元化”的局面，因此，两种规范的较量势在必行。

历史地看，上述这三个前提条件，在时间上都出现在危机之先。以19世纪末、20世纪初出现的那场物理学危机而言，那场危机是发生在19世纪末、20世纪初，而那些前提条件则是早在19世纪80年代以前就具备了。

原则上，造成规范危机的这三个条件，是能够相互作用，以至于造成相互共振，增强各自强度的效果的。反例的积累以及出现“严重的反例”，固然有利于加强对旧规范的批判的力量，但反过来，通过批判也能大大增强反例的作用。因为科学中的任何所谓反常事例，都是只有依据方法论标准（筛），通过分析性的批判，才能使之成为某种“反例”的；而且通过这种分析性的批判，还能使某些“反例”突然尖锐化起来，使之成为“严重的反例”，从而大大增加了那些反例的强度。例如，19世纪初，托马斯·杨正是通过分析性的批判而指责牛顿的微粒说，指出牛顿的微粒说不能解释如下的基本现象：①由强光源和弱光源所发出的光为什么有相同的传播速度；②当光线从一种介质射到另一种介质的界面时，为什么有一部分被反射，而另一部分被折射；③他自己所发现的双缝干涉现象。正是通过这种鞭辟入里的批判，使得某些本来并不严重的反例（如①），以及牛顿微粒说本来以为能够解释，因而并不构成“反例”的现象（如②），突然变得尖锐化起来，成了“严重的反例”，从而起到了大大地动摇微粒说之统治地位的作用。

同样道理，出现了旧规范的强有力的“竞争对手”，也能大大地加强“反例”和“批判”的作用，来严重地削弱旧规范的地位；反之，在“筛”的作用下，那些旧规范的“反例”以及对旧规范的“批判”，又可能大大加强“竞争者”的地位而构成对旧规范的真正威胁。这种实例不胜枚举。例如，早在1851年斐索就从实验中总结出了一个经验公式：

$$\nu = \frac{c}{n} \pm \left(1 - \frac{1}{n^2}\right)u$$

其中，v为光在运动液体中的传播速度，c为真空中的光速，n为液体的折射率，u为运动液体的流速。这个公式公布后，谁也不曾理解它的真正意义，因而甚至也未被看作是经典物理学的“反例”，以至于很少有人注意到它。但爱因斯坦从相对论中导出了它，这一来就一下子使斐索的这个从实验中总结出来的经验规律成了爱因斯坦相对论的支持证据，同时又使它成了旧规范的引人注目的“严重的反例”。这是一个“竞争者”如何去发掘出旧规范的“反例”并使这种反例“严重化”起来的一个典型实例。其他方面的关系当更可理解，就不再一一举例。

但是，应当强调地指出，对于科学中已获得普遍公认或已居于统治地位的规范来说，即使同时满足了上述三个条件，是否一定会导致科学危机或该规范的危机呢？仍然是未必的。严格地说来，正如我们在图4－1中所已经显示，上述三项也只是导致科学危机的必要条件而非充分条件。因为即使在满足上述三项条件以后，也还存在着某种相反的机制，来削弱以致消解上述三项条件的作用和效应。原因就在于：在任何时候，旧规范都有可能通过某种广义的“规范变形”的方式来消解反例，抵御批判并战胜竞争者，从而保护原有的规范。这里所说的广义的“规范变形”，包括两方面的意思：一方面是指我们已对之做出严格定义的那种意义上的“规范”的变形，即对理论基础（一个理论的基本概念和基本原理）或基础理论做出适当的修改、补充和调整，使之具备一种新的能力来消化反例、抵御批判并战胜竞争者；另一方面是指相当于拉卡托斯所说的通过修改“保护带”的方式来获得这种能力。

众所周知，拉卡托斯曾经提出过被称为“科学研究纲领方法论”的著名理论。他认为，一个研究纲领包含有一个坚固的“硬核”，这个“硬核”就是纲领所依据的基本假定。同时，一个研究纲领还包含有一套用以解决问题的技术启发法和一个由一系列辅助假说和初始条件所构成的“保护带”。他认为，一个研究纲领的硬核，可以由于它的创立者和拥护者的“方法上的决定”而成为不可证伪的。用拉卡托斯自己的话来说：“我们所以称这条带为保护带，是因为它保护硬核免遭反驳；反常并不是被作为对硬核的反驳，而是对保护带中的某种假说的反驳。在一定程度上，在经验的压力下……保护带不断地被修正、增加、复杂化，而硬核却安全无恙。”所以，在拉卡托斯看来，当一个科学家接受了某种研究纲领的时候，他就受到了双重的启发法：正面启发法和反面启发法。所谓反面启发法，就是指必须坚持这个纲领的硬核，不得摈弃或修改这个纲领的硬核所规定的那些基本假定；所谓正面启发法，就是指那些暗示和指出这个研究纲领可以如何发展的概要性的指导方针，其中包括如何去改进或创造新的技术以及通过修改保护带的方法去解决问题、消化反常而保护住纲领的硬核。所以拉卡托斯认为，一个理论常常并不会因为遇到了“反例”或“反常”（拉卡托斯像我们一样，把“反例”和“反常”仅仅看作是用语上的不同而并无实质上的区别）而被驳倒。这种“反例”或“反常”往往是很多的，但一个研究纲领具有很强的韧性，它能够通过修改保护带而消化这些反常，使之转化为对自己的确证证据，从而保护住硬核不受侵犯。拉卡托斯的理论是很有启发性的。

读者容易明白，我们所指称的“规范”，在内容和性质上都与拉卡托斯所说的研究纲领的“硬核”有许多相似之处，但却又有重大的根本性的区别。我们所说的规范的第一层意思，即科学理论的基本概念和基本原理，与拉卡托斯所说的“硬核”可能还较为相似，但我们所说的规范的第二层意思，即基础理论，却与拉卡托斯的“硬核”相似性较少。至于在性质上，拉卡托斯强调“硬核”的不可侵犯性和不可修改性。这个论点却使得他的理论中的这个“硬核”概念成为十分僵化的概念，事实上不能用它来恰当地描述科学史上发生的实际情况。实际上，在科学理论的发展过程中，即使是拉卡托斯意义上的“硬核”，也绝不是如他所说的那样坚固、僵硬，以至于是完全不可侵犯或不可修改的；如果一旦修改了它，那就一定是意味着放弃原来所接受的那个研究纲领。实际上显然不是这样的。拉卡托斯的这种意见，并没有逻辑上的理由；逻辑上并无理由约束我们当遇到反例或反常的时候，不得通过适当地修改硬核来消化反常（以及抵御批判等）；历史上所发生的实际情况也绝不如此。以热力学理论的发展而言，热力学第二定律显然可以称作是它的一个硬核成分了。但实际上，即使在热力学发展的早期历史上，热力学第二定律也有过种种不同的表述，这些表述并不完全等价，毋宁说是对它的内容的完善、充实和精致化的努力。这种完善、充实和精致化当然也是对作为硬核成分的该定律的原有表述的一种“侵犯”或“修改”，但却未必能导致热力学研究传统的改变。在光学中有更典型的实例。无论从哪个角度上说，惠更斯原理总应当被视作波动光学理论的一个基本原理，或是波动光学研究纲领中的一个硬核成分，但是当遇到反例或牛顿派的反驳或批判时，菲涅耳却通过智巧地修改这个硬核成分，加进了子波能够相干的假定，使之成为著名的“惠更斯－菲涅耳原理”，消化了“严重的反例”，挡住了牛顿派的批判与反驳，成功地保卫了波动光学的研究纲领及其传统，在一定意义上，用横波假定去替换纵波假定也起到了同样的作用。总而言之，我们十分赞同拉卡托斯主张研究纲领具有巨大的韧性，可以通过修改保护带来消化反例、保护纲领硬核的见解。但却不同意他把“硬核”看得过于僵化，以致完全不容修改或侵犯的观点。实际上，仍然可以通过对它作适当的、机智的修改来达到消化反例、抵御批判，进而战胜竞争者的作用，而并不影响维护原有的研究传统或研究纲领。

正是从以上这个意义上，我们强调，即使同时满足了上述那三个条件，也未必会导致科学危机或居于统治地位的规范的危机，因为总是有可能通过我们所说的“广义的规范变形”，来削弱以致消解上述三项条件的作用和效应，从而避免危机。

严格地说来，只有当某种已居于统治地位（或已获得普遍公认）的规范，同时满足了前述三个条件：①规范面临了严重的反例或反例的积累；②出现了某些思想敏锐的科学家对该规范进行了深入透彻、危及根基的批判，从“筛”的角度上显示了该规范的不合理性；③出现了与原有规范相竞争的新规范，后者威胁到了前者的统治地位。此外，还要满足一个条件，即原有规范的变形失效（或曰原有规范未能做出成功的变形，未有效地削弱以致消解前述三项条件的作用和效应），从而出现某种正反馈机制的时候，才会造成真正的（与该规范相对应的学科的）科学危机。

这种造成真正科学危机的正反馈机制可大体描述如下［参见图4－1中实线（包括双实线）部分］：

某种居于统治地位的规范同时满足了三个条件：①规范面临了严重的反例或反例的积累；②出现了某些思想敏锐的科学家对该规范进行了深入透彻、危及根基的批判，从“筛”的角度上显示了该规范的不合理性；③出现了与之竞争的新规范，后者威胁到了前者的统治地位。正如我们前面的分析所已经指出的，这三者是能够相互作用，以至于能够造成相互激荡、相互共振、增强各自的强度之效果的。此时，如果受到威胁的居于统治地位的规范未能通过适当的方式做出有效的调整，来消解反例，拓展出合理性的理由来抵御批判并显示出比竞争者更大的优越性，那么，三项条件相互激荡、相互共振，增强了各自的强度，从而对于旧规范的破坏性的威胁力量就会大大地增强，而旧规范却没有多少抵抗能力，旧规范就将陷入“危机”。这种旧规范陷入危机的信息当然会作用于科学共同体，从而使科学共同体中的成员（首先是其中思想较少保守性的成员）对于旧规范发生信心动摇。这种“信心动摇”的结果，一方面会大大加强“筛”的作用；科学共同体成员力图借助于“筛”来重新批判地审度原有的规范，其结果就可能大大地扩大了对原有规范的批判者的队伍，加强了批判的深度和广度。这种“批判”通过相互激荡、相互共振的机制，能进一步加强“反例”和“竞争者”的强度而作用于旧规范，加深旧规范的危机；这种危机信息的输出，会进一步动摇科学共同体成员对旧规范的信心。这种情况，已经典型地构成了一种能使旧规范失去稳定的正反馈机制。见图4－1（科学革命的机制示意图）。但是不仅如此。作为这种“信心动摇”的另一方面的结果，是科学共同体成员开始摆脱旧规范作为“思维定向”的束缚，并尝试寻找新的思路，其结果就能造成一种力度更强的正反馈机制，它促使旧的规范迅速地趋向崩溃（科学革命的机制示意图）。

众所周知，对于接受一定规范或一定理论的科学共同体成员来说，这种规范或理论具有很强的“思维定向”的作用。它不但暗暗规定了在某一科学领域中应当研究些什么问题，什么样的问题将有较大的价值或无多大价值，甚至还暗暗约束了问题的“解”，这些“解”不得与科学理论的基本原理、基本概念相冲突。不但如此，它甚至还约束了求解的思路，例如，什么样的实验和观察值得去做，即使花费巨大的精力和费用也在所不惜，而另一些实验和观察却不值得去做，即使为了做这些实验在技术和经费上也许将不会遇到多大的困难，等等。由于对科学共同体成员来说，规范或理论具有如此强大的约束力和“思维定向”的作用，因此，对于一定时期的科学（常规科学）来说，它既在一些方面推动发现，把科学研究引向深入；但在另一些方面，它又能阻挡发现，因为这种“思维定向”阻挡了人们放开思路，从其他方面做多向求索。

一旦科学共同体对旧规范发生“信心动摇”，力图摆脱旧规范作为“思维定向”的约束，寻找新的思路，这时，该学科（或学科群）中的新的假说就会如雨后春笋般地涌现。这些新假说由于摆脱了旧的思维定向，并造成了新的思维定向，因而会引导人们去探索种种新的问题，提供种种新的思路，去从事种种新的实验和观察，所以会导致大量的前所未有的“新实事”的发现。这些涌现出来的大量的新实事，除了一部分一时难以理解其意义的“中性”发现以外，在科学危机时期里，人们将特别敏感于那些“意义重大”的发现。这些所谓“意义重大”的新实事，往往就是构成了对旧规范之反例，特别是构成了对旧规范之“严重的反例”的那些实事，它将进一步加剧旧规范的危机。反过来，那些构成了对旧规范之“反例”甚至“严重的反例”的新实事，却很可能成了作为旧规范之“竞争者”的新规范的支持证据，根据“筛”所提供的原则，它们将大大加强新规范作为竞争者的地位，威胁到旧规范的统治地位。而新的反例的剧增以及竞争者地位的加强，自然又会增强了对旧规范的批判的力量。这种态势当然会进一步加剧科学共同体对旧规范的信心危机。不但如此，新假说的涌现还会产生另一种强大的效应。这就是其中的某一些新假说显示出了某种强大的优势，它能够消化那些对于旧规范而言是构成了“反例”或“严重反例”的大量新、旧实事，使它们变成自己的支持证据（或“确证证据”），这将大大地增强那些新假说作为“竞争者”的地位来战胜旧规范。

当然，真正地说来，那些新假说要能获得真正有力的竞争者的地位，还不能仅仅依据从经验上消化反例的力量，它还必须通过严格得多的“筛”的评审，才能获得这种地位。“筛”提供方法论上的评价标准（经验证据上的优势仅仅是其中的标准之一），它保证只允许那些优的新假说才能通过它的筛选而成为旧规范的竞争者。所以在科学危机时期里，尽管新的假说可能如雨后春笋般地涌现，但真正能够获得旧规范之“竞争者”地位的新假说却可能为数寥寥。“筛”的这种作用是意义重大的。我们在以后还将详细地分析“筛”的结构和内容，并且将通过分析而指出：正是通过“筛”的作用，将能够保证科学由于“革命”导致进步（见本章第六节）。

在科学危机时期里，“筛”起着“滤波器”和“倍增管”的双重作用。一方面，它起着滤波器的作用，它所提供的方法论上的评价标准，起着严格的过滤作用，使得大量的新假说被认为“不合格”而不能通过“筛”，从而不能真正进入旧规范的“竞争者”的行列，因而也不能引起科学共同体的关注；它只允许少数根据评价标准而言是“优”的新假说获得通过，成为科学共同体中引人注目地予以关注的旧规范的“竞争者”。另一方面，“筛”又起着“倍增管”的作用。某种新的假说，一旦通过了“筛”的严格过滤作用而被确认为旧规范的一个有力的竞争者，它就能在科学共同体内部引起一种引人注目的“轰动效应”，引起科学家们的极大关注。它不但吸引许多科学家来对它进行评论、介绍、宣传，并作为对旧规范进行批判的武器，大大扩大了它的影响；而且还会吸引大批的科学家在此新规范的基础上进行研究，对它进行补充、发展和改进，使它成为一种力量更加强大的"竞争者"，以至于使它足以战胜旧规范，获得了取代旧规范的资格，从而导致了一场真正的科学革命。

正是由于上面所描述的正反馈机制的形成，在这种正反馈机制的作用之下，在一个闭环系统中，系统的输入信息（反例、批判、竞争者）与输出信息（确认旧规范不合理，并导致共同体的信心动摇、寻找新思路、新假说的涌现等）相互加强，就能导致系统迅速地失去稳定以致崩毁。这也就是科学危机历时总是比较短暂的原因。

然而，科学危机的历时虽然短暂，但它在科学发展中的作用却十分重要。在这种历时短暂的危机时期里，科学的发展将显示出如下明显的特征：

（1）科学共同体对旧规范信心动摇，新假说如雨后春笋般涌现，"竞争者"严重地威胁到旧规范的统治地位。

（2）作为一种保护和对危机的反抗，旧规范的变形也不断地产生出许多新变种。

（3）新实事的发现大量涌现。

笔者在《近代科学中机械论自然观的兴衰》一书的第四章第五节中曾经讲到，19 世纪末 20 世纪初的那场物理学危机时期里，像 X 射线的发现、放射性现象的发现、镤和镭的发现、电子的发现等等一大批能成为历史丰碑的重大发现，在一个短暂的时间里一下子降临人间，以至于那一段时间真正成了激动人心的、令人眼花缭乱的大发现的年代。针对当时的情况，我们曾经分析说，那是由于那场危机大大加强了科学共同体成员对原有规范的怀疑、批判和不满，削弱了科学共同体成员依照这种旧规范作"思维定向"的自我束缚，愈来愈多的科学家愿意或比以往任何时候更有勇气摆脱旧规范，用新的眼光对新、旧实事做出新的思考和多向求索，提出种种新的问题。在这种情况下，就大大增强了科学家们对新实事，特别是对那些能对原有科学理论或规范构成反例的新实事的敏感性。原则上可以说，那些构成反例的新实事并不是我们在机遇中碰巧发现的，而是由于增加了敏感性而捕捉到的，或者说是按照新的思路有意识地"发掘"出来的。更深入一步，我们甚至应该说：它们都是按照一定的理论说明出来的。在前面的论述中，我们已经举例了爱因斯坦如何“发掘”出了早在1851年斐索所做出的实验结果，使这个长期无人问津的旧实事一下子就成了旧规范的“严重的反例”。它之所以能成为旧规范的严重反例，这完全是靠新理论（相对论）说明出来的。事实上，对于新实事的发现也一样。X射线、电子、放射性现象、新的放射性元素镭和镤，以及其他重要发现，都是根本不可能仅凭我们的感官在观察中发现出它们来的，而是只有依据于理论，才能使我们从仪器所提供的信息中“说明”出它们来。对于这一点，爱因斯坦说得非常深刻，他说：“是理论决定我们能观察到的东西。”[①]“只有理论，即只有关于自然规律的知识，才能使我们从感觉印象推论出基本现象。”[②] 可以想见，如果没有在危机时期里大量新假说的涌现，科学家的思维空前活跃，是不可能在一段如此短的时期里突然发掘出如此之多的重大新实事的。附带说一句，许多科学史著作中，都把X射线的发现、放射性现象的发现、镭和镤的发现，以及电子的发现等等，评价为“科学革命”的标志，甚至评价为科学革命本身，这是不妥的。因为就当时的情况来说，这些发现只是冲击了旧规范，造成了旧规范的危机。因而它们只是科学危机时期的特征和产物，而不是科学革命的特征或者科学革命本身。众所周知，科学革命是以规范变革为特征的。可以设想，如果当时的旧规范通过适当的变形而消化了这些新的发现，那么这些发现就将变成为一些常规的发现，而并不导致科学革命。而这在逻辑上是非常可能的。

回过头来再来讨论库恩的“捆绑模式”。科学危机是否一定会导致科学革命？答案是否定的。原因就在于：即使在危机时期里，也潜在地存在着一种消解危机的负反馈机制。因为正如前面所说，即使在危机时期里，作为一种保护和反抗，旧规范也在不断地衍生出许多新的变种，以保卫它的生存权；只是由于这些旧规范的新变种在保卫生存权的斗争中不怎么成功，才构成了它的危机。但是，如果在危机时期里，某个和某些聪明的科学家竟然发明出了旧规范的某种富有生命力的新变种，它不但能消解原有的反例，而且能消解新出现的反例，使之成为自己的支持证据，甚至还能合理地解释甚至预言某些对于别的“竞争者”而言是构成了反例的新、

① 爱因斯坦：《爱因斯坦文集》（第一卷），商务印书馆1976年版，第211页。
② 爱因斯坦：《爱因斯坦文集》（第一卷），商务印书馆1976年版，第211页。

旧实事，此外，按照“筛”所提供的原则，它能拓展出新的合理性的理由来有力地抵御反对者对它的批判，甚至在各方面都显示出比它的各种“竞争对手”更优。那么，这时，它就能“转危为安”，在危机中消解危机。一旦出现了这种情况，就能如图4－1中的双虚线所示，一是它消解反例使之成为自己的支持证据；二是它由于适当地修改了规范而拓展了合理性的理由，这些合理性的理由能使它有效地抵御反对者对它的批判，从而像一个“消音器”那样能大大地减弱“批判”对系统之信息输入的强度，在更强的意义上它甚至能像“盾”那样地抵挡住反对者的批判；三是由于它通过变形而使自己具有了比“竞争者”更大的优越性，因而使它具有了对“竞争者”进行反批判的强大能力，它把批判的矛头指向竞争者，甚至能最终战胜竞争者。当具备这些条件的时候，它向科学共同体输出的原来的那种危机信息，也像经过了一个“消音器”那样而大大减弱，从而会重新坚定了科学共同体成员对它的信心或信念，而这当然又会进一步减少批判者的队伍，减弱批判者的“声音”，以及削弱“竞争者”的地位，等等。如此，就能重新出现一个负反馈机制而使系统趋向稳定，也使旧规范的统治地位重新得到稳定的维护，从而消解了此前曾经出现过的危机。

正是由于即使在危机时期里，也潜在地存在着消解危机的负反馈机制，因此，任何科学即使在陷入危机以后也仍然存在着“化险为夷”的可能性。一旦旧规范的有效变形获得成功，就能够启动这种负反馈机制。这时候，此前曾经出现的危机，对它来说也只不过是一场“有惊无险”的“虚惊”罢了。所以，科学中的危机，未必都会像库恩所描述的“捆绑模式”那样，危机之后随之而来的必然是“科学革命”。科学史上的实际情况也并不支持库恩式的“科学危机”必然连接着“科学革命”，而“科学革命”必须以“科学危机”作为必要前提的那种僵硬的“捆绑模式”。

科学史界也已有人对库恩的这种模式提出了严重的质疑。下面的实例虽不十分典型，但对说明我们的问题却毫无妨碍。假定，在19世纪初通过托马斯·杨等人的工作，波动光学已在光学领域中居于统治地位（实际情况并非完全如此），但微粒说却仍是它的一个强劲的竞争对手，并且波动说受到了包括巴黎科学院内主张微粒说的一些著名权威在内的一批科学家的批判。但以托马斯·杨为首的波动说拥护者对自己的规范很有信心。但是，1808年后由于马留斯的关于反射光偏振的实验发现以及随之而来的批判却使波动说陷入了危机。托马斯·杨自己也重复了涉及反射光偏振的一类实验，自认波动说理论面临了“严重的反例”，以至于作为新理论的创始人（因为这理论已不同于惠更斯的理论）的托马斯·杨对自己的理论也发生了动摇。这可以说是出现了一场真正的危机。但事后，由于偶然地又发现了偏振光的干涉效应。托马斯·杨和菲涅耳又提出横波假说和带构造理论，这种经过变形后的波动说规范终于又显示出强劲的优势，战胜了微粒说，在19世纪的光学中获得了牢固的统治地位。类似的现象还可以举出不少。问题是：既然一个规范当它面临严重危机时，可通过某种智巧的方式使规范变形而保护规范，维护住规范的生存权，那么，当居于统治地位的规范一旦面临危机时，为什么不能以同样的方式来维护住自己的生存权和统治权，而必然要以失败告终（发生规范变革或科学革命）呢？这是完全没有理由的。

反过来说，科学革命是否一定要以科学危机为先导？即从另一种意义下使科学革命与科学危机“捆绑”起来呢？同样是未必的。既然科学革命只是意味着科学中居于统治地位的规范的变革，那就没有理由认为，科学革命必须以科学危机作先导。因为“筛”在这过程中可以起主要的作用。科学中的每一种规范势必都有它未能解决的问题，但这并不意味着它面临危机。但如果在这时出现了更优的规范来取代了它（作为理论基础或基础理论的取代），就可能造成典型意义上的科学革命，但这种革命却未必有危机作先导。显然，如果我们以爱因斯坦的狭义相对论取代牛顿理论看作是一场典型的科学革命，那么，在同样的意义上，用广义相对论去取代狭义相对论作为物理学的基础理论或理论基础的地位，同样是一场典型的科学革命。而后者并没有以任何危机为先导。有的史学家可能会过分地从历史实事的意义上辩解说，狭义相对论和广义相对论的出现不能视作两次科学革命，实际上它们只是同一次科学革命中的两个阶段罢了。但是要知道，狭义相对论和广义相对论相继问世，期间的时间间隔不过十年，这只是一种历史的偶然。如果这间隔不是十年，而是几十年、一百年（那是完全可能的），在那种情况下，又该作何设想呢？是否应当看作是科学中基础理论或理论基础之深刻变革的真正意义上的科学革命呢？

事实上，正如我们在《近代科学中机械论自然观的兴衰》一书中已经通过分析而指出的，19世纪末20世纪初所出现的洛伦兹的“电子论”已可看作是一场科学革命，因为它当时几乎已被物理学界所公认为是一种好的取代理论，它已能把牛顿力学作为自己的极限条件下的近似而包含于自身之中，它实际上起到了物理学中的基础理论和理论基础的变革的作用。但正当它受到物理学界高度评价和欢迎的时候，却"从半路里杀出个程咬金"，出现了爱因斯坦的狭义相对论又取代了它。在该书中，我们曾把洛伦兹理论的出现比喻为1917年俄国的二月革命。这仍然是一场革命，只是由于接着又出现了爱因斯坦革命，所以这场革命就像瞬间即逝的雷鸣闪电，接着就被另一场革命所取代，正像俄国二月革命以后的克伦斯基的政权很快又为十月革命后的苏维埃政权所取代一样。这里只有一点不同。洛伦兹理论尽管比起后续的爱因斯坦理论来有许多缺点，但在尚未出现爱因斯坦理论以前，从总体上它正在受到物理学界的高度颂扬和拥护。可以设想，假定当时没有出现接踵而至的爱因斯坦革命，那么，很可能洛伦兹理论或它的改进型就可能成为一种统治规范而维持一段较长的时间。这种情况并非不可能出现，至少从逻辑上是如此。实际的历史带有许多偶然性，我们这里讨论"科学革命的一般机制"，不必为这种偶然因素所左右。

所以，科学危机虽然常常成为科学革命的先兆，或如普恩凯莱针对当时的历史条件所指出，科学危机正好意味着它是科学革命的前夜。但严格地说来，科学危机既非科学革命的充分条件，甚至也非科学革命的必要条件。当然，就科学历史上实际发生的科学革命而言，"捆绑模式"仍然是科学革命的一种非常典型的形式，在这种形式之下，危机成了科学革命的"先兆"，甚至成了它的必要前提。但是即使在"捆绑模式"之下，危机也只是提供了科学革命的必要前提，要真正发生科学革命，还必须满足另一个条件：出现了比原有规范更优的竞争规范，这时，后者才能取前者而代之，形成真正意义上的占统治地位的规范变革，即形成一场真正的科学革命。在本节中，我们正是以相对比较简化的模型描述的某种复杂的机制。

由上可知，既然科学革命是科学中居于统治地位的规范变革（见本章第三节定义11），因此科学革命必然是一个过程。它首先起始于在危机时期（不与危机相联系也一样）中出现一种较优的竞争规范。但正如我们在本丛书第三分册第三章第二节中所已经指出："由于作为科学目标的诸要素是相互制约的，因此，科学发展中相继出现的竞争理论在实现这些目标的方向上可能顾此失彼。一个后继理论B可能在某些方面优于原有理论A，但在另一些方面可能暂时劣于理论A；理论B往往要经历过一个相当长时期的调整与修正才可能在总体上或全面地优于理论A而取代理论 A。”“对于新提出来的竞争理论，除非它在向着科学目标前进的方向上全面地优于其他竞争理论（而这种情况在历史上是罕见的）；否则，对于相互竞争的科学理论之优劣的评价，只能有延时性的判准而没有即时性的判准，即常常需要在竞争的过程中走着瞧。”正是由于在理论竞争的过程中，在通常的情况下，一个后继理论（或规范）B 在一定阶段上可能仅仅在一些方面优于原有理论 A，而在另一些方面却劣于理论 A，而在此过程中，某些科学家却已选取理论 B 作为自己的研究纲领予以发展和改进，才有可能最终击败理论 A 而取代理论 A，因此科学革命不可能是一个一夜之间发生的武装起义那样的变革，而势必是一场不同规范之间包含着对自身的改进过程在内的艰苦的竞争与较量的过程。其次，即使当某规范 B 已显示出从总体上和全面地优于规范 A 的局面，但是，既然科学革命是意味着占统治地位的规范的变革（或更替），因此，它势必也要意味着新规范 B 获得科学共同体普遍承认（或至少获得它的主体部分的承认）的过程。而科学共同体成员对规范之认同的转变也将是一个复杂的过程，它不但受到“筛”所提供的合理性标准的影响，还将受到种种其他社会因素（其中包括许多非理性因素）的影响。

由于以上两个因素的影响，所以，“科学革命”，即科学中居于统治地位的规范的变革或更替，将是一个历时或长或短的过程。其具体的延续时间常常要以具体的复杂的历史情况而定。以历史上著名的“哥白尼革命”为例，它是近代天文学史上的一场影响深远的大革命。但这场革命绝不是由于 1543 年哥白尼出版了他的名著《天体运行论》就完成了。事实上，当《天体运行论》出版时，哥白尼理论（为简明起见，我们暂不去分析这个理论中作为“规范”的东西，而笼统地把理论与规范视为一体）至多称得上是当时天文学中居于统治地位的托勒密理论（规范）的一个有力的“竞争者”。它在某些方面，如它在数学方面的“和谐”、“优美”方面超过了托勒密体系，在理论与经验实事的匹配方面也有它的成功之处。例如，它在解释火星视运动的顺行、逆行运动方面比较“自然”。但整个地说来，它绝不比托勒密体系优越多少，这两种理论在观察精度上都仅能达到几乎不相上下的粗糙水平（误差 4°～6°），而且哥白尼体系在经验证据方面在当时还面临许多特殊的困难，如它所蕴含的关于金星的盈亏和视像大小的变化的结论，都与当时的（肉眼）观测证据显然相悖。更严重的还在于按当时公认的物理学理论（亚里士多德的物理学理论），它在物理学上显得十分悖理。至于在天文学共同体内部，其情况就更糟了，在当时，它的支持者寥寥无几，根本谈不上它已取代了托勒密体系而成了天文学中居于统治地位的规范。哥白尼体系要能显示出全面地优于托勒密体系并获得天文学界的普遍接受，至少要等到开普勒等人对它作了改进，伽利略等人为他提供了新的有力的观测证据，特别是通过伽利略－牛顿等人的努力，从伽利略－牛顿的新的力学－物理学上对它提供了强大的理论支持，使它在物理上也成为合理的理论以后，才真正取代了托勒密体系，从而在天文学中取得了新的统治规范的地位。这一过程，即近代科学史上天文学中居于统治地位的规范的变革或更替的过程，至少经历了 100 年以上的时间。如果要计及哥白尼如何构造他的新体系的理论创造过程，那么“哥白尼革命”的前后历程就要大大地超过 100 年了。

“科学革命”的时间与“科学危机”的时间可能相互交织。如果“科学革命”的时间是从产生“竞争规范”（指后来取得取代资格的竞争规范）的时间算起，那么“科学革命”的时间就未必短于“科学危机”的时间，而且“科学革命”的起始时间未必一定要在“科学危机”以后才能算起。我们已经一般地指出“科学危机”既非“科学革命”的充分条件，甚至亦非“科学革命”的必要条件。只要我们打破了库恩式的“捆绑模式”，那么我们关于“科学革命”的历时过程与“科学危机”的历时过程的分析就将是完全合理的。最后，附带说一句，在“科学革命”，即居于统治地位的规范变革过程中，科学共同体成员对新旧规范的依附变化，库恩几乎把它看作像“宗教皈依”那样的非理性过程，这是完全不合理的。库恩的这种非理性主义以及相应的认识论上的相对主义，使他完全不能解释科学能够由于革命而导致进步。库恩过分强调了科学家或科学共同体在选择规范过程中的非理性因素的作用，以至于他一方面强调“在规范选择中就像在政治革命中一样，没有比有关团体的赞成更高的标准了”①。然而团体毕竟是由它的个别成员组成的。那么，它的个别成员如何选择规范呢？他竟然把它比作“宗教皈依”，其中并无真正的合理性标准可以作为参照依据。与此相联系，所以他在另一方面又突出地强调了所谓“普朗克原理”。普朗克曾根据他个人经历中的体会而在他的《科学自传》中发出过如下的感叹：“一种新的科学真理并不是靠使它的反对者

① 库恩：《科学革命的结构》，上海科学技术出版社 1980 年版，第 78 页。

信服，并使他们同情而胜利的，不如说是因为它的反对者终于死了，而在成长中的新一代是熟悉它的。”应当说，在科学史上，不止普朗克一人发出过此类感叹，其他大科学家，如拉瓦锡、达尔文也都发出过类似的感叹，因为它确实是许多科学家切身遭遇过的现象。但是，我们仍然应当强调地指出，被夸张地称为“原理”的普朗克的这种论述，在历史上并没有普遍性，即使在科学革命时期也没有普遍性。

在科学中，科学家和科学共同体对科学规范或科学理论的选择，毕竟主要是一种理性的活动和理性的过程，并由此而导致科学的进步。这就是在下一节我们要着重探讨的内容。

最后，在结束本节之前，我们要再作一点简要的讨论，来回答在本章第一节中所提出的问题：科学革命能被预言吗？我们的回答是：只能作概率意义上的预言而不可能作必然性的预言。原因就在于：即使当出现了真正意义上的科学危机（即造成了某种正反馈机制）以后，也还潜在地存在着一种负反馈机制重新起作用的可能性。因此，即使在危机中也还存在着扭转危局、消解危机的可能性。因为即使在旧规范面临危机以后，总还存在有许多科学家想通过对旧规范做某种适当变形的方式来维护旧规范。这时如果有某个或某些科学家竟然发明出了某种富有生命力的、比起所有竞争对手来是更优的旧规范的新变种，那么，在“筛”的作用下，它就能马上使某种潜在的负反馈机制重新被启动，而保护住旧规范并使之“转危为安”。所以，即使出现了“科学危机”以后，也未必一定出现“科学革命”。科学革命的发生并不存在决定论意义上的那种“必然性”。正如我们在《近代科学中机械论自然观的兴衰》一书中所曾经分析过的，即使是19世纪末20世纪初所发生的旧的机械论自然科学的破产，也不存在着所谓的“历史必然性”。通常，在常规科学时期，要做出未来科学革命的预言，常常是十分困难或者说十分含糊的；在科学危机时期，特别是当已经看到了某种更优的竞争理论已经出现的苗头时，就有可能在较高的概率的意义上做出成功的预言。如此罢了。

## 第六节　我们的见解（续）：“筛”的作用：科学革命导致科学进步

本节中，我们将着重来讨论我们前面所曾经提出过的难题，即科学革命如何能导致科学进步。

### 一、科学革命能导致科学进步吗：库恩难题

在《科学革命的结构》一书中，库恩是想要承认科学在历史上乃是进步着的。他不但承认常规科学有进步可言，而且还想要承认“科学革命”也能导致科学进步。他的《科学革命的结构》一书的最后一章的标题就是（科学）“由于革命而进步”。但是，在他的非理性主义和相对主义的认识论之下，科学进步问题实际上成了他无法解答的难题。

虽然他承认：“总之，只有在常规科学期间，进步才好像既是明显的，又是有保证的。”[①] 但是由于他强调对科学规范之优劣的评价标准，并不在规范之外，而只是在各自规范的自身之内，甚至认知目标也是如此。因此他强调，对于在不同规范下工作的科学家共同体，不可能创造共同一致的方法论准则去评价他们各自的理论，以比较它们的优劣；甚至也不可能有共同一致的认知价值准则，去评价或比较他们各自的方法论准则的合理性。所以，按照库恩的理论，确实至多能够谈论在同一规范之下的常规科学有进步，但却不能够谈论科学“由于革命而进步”。因为在革命前后的新旧两种规范之间，实际上是“不可比”[②] 的。但是如果不能谈论科学革命即科学中新旧规范的更替能导致进步，那他实际上也就不能谈论科学在整个历史上有进步。所以在《科学革命的结构》一书中，虽然他

---

① 库恩：《科学革命的结构》，上海科学技术出版社1980年版，第136页。

② 库恩在《科学革命的结构》一书中，关于不同规范“不可通约”，其含义实际上是“不可比”。他在书中的这个观点实际上是十分明显的。但他后来却辩解说，他所说的不同规范“不可通约”，并不是说的“不可比”，其原意只是认为两者不具有可公度性。辩称“不可通约”只是从数学中借用来的一个词，它的原意是不可公度，而他借用这个词的意思只是“不可保真翻译”，因为在两种理论之间找不到可架桥的“中性语言”。库恩的这些辩解，与其说是澄清原意，不如说是大幅度地修改他自己当初的最有争议，也最有他个人特色的见解，从而把他原来的那种引人注目的见解换成了一套无可争议的、仅仅使用了一套新术语来表达的相当稳当也相当平庸的、实质上无多大新意的论调。

试图以讨论科学“由于革命而进步”来作为终结，但在那里，他始终不能清楚地阐明这个问题。他不得不承认：“可是，认识到我们倾向于看出进步是科学的任何领域的标志，只能澄清，而不能解决我们的困难。”[①]他承认：要说明为什么“进步”竟然会是科学的特征，“这个问题仍然有待理解”[②]。由于他自己找不到出路，他只得寄希望于未来。“我相信一定会在科学中找到进步问题的一个更精确的解。也许他们表明，科学的进步完全不是我们对它的理解那样。”[③] 他提议必须抛弃以“真理”为目标的科学进步观，设想另一种可能的候补者。但他又不得不表示：“我还不能详细说明这种候补的科学进步观的结果。”[④]

但是，归根结底，不能说明科学的进步，正是库恩的科学革命理论的要害之所在。所以，虽然他当初曾经对自己获得广泛影响的“规范变革理论”还相当踌躇满志，但在许多科学哲学家的批评之下，他终于也不得不承认：“当前暴露的一些不足之处也说明在我的观点的核心之处有点问题”[⑤]，以至于他最终竟然放弃他自己用来描述“科学革命”的基本概念：“规范”。他承认，谈论科学的进步，对于他的那套理论来说，简直是太困难了。“科学家怎么能在竞争的理论之间进行选择呢？我们又何以理解科学进步的那种方式呢？……对这些问题，我不理解的……东西是太多了。”[⑥] 他强调：“我们必须解释为什么科学（健全知识最可靠的典范）会如它这样地进步。”[⑦] 并且他还强调：为此，“首要的是，我们必须弄清楚科学事实上是如何进步的”[⑧]（即对科学进步的实况做出描述）。但是，他最终却仍不得不遗憾地承认：“令人惊讶的是，对如何回答这个描述性

---

① 库恩：《科学革命的结构》上海科学技术出版社1980年版，第134页。

② 库恩：《科学革命的结构》，上海科学技术出版社1980年版，第135页。

③ 库恩：《科学革命的结构》，上海科学技术出版社1980年版，第141页。

④ 库恩：《科学革命的结构》，上海科学技术出版社1980年版，第142页。

⑤ 库恩：《对批评的答复》，见伊·拉卡托斯和艾·马斯格雷夫编《批判与知识的增长》，华夏出版社1987年版，第313页。

⑥ 库恩：《是发现的逻辑还是研究的心理学》，见伊·拉卡托斯和艾·马斯格雷夫编：《批判与知识的增长》，华夏出版社1987年版，第24页、第25页。

⑦ 库恩：《是发现的逻辑还是研究的心理学》，见伊·拉卡托斯和艾·马斯格雷夫编：《批判与知识的增长》，华夏出版社1987年版，第24页、第25页。

⑧ 库恩：《是发现的逻辑还是研究的心理学》，见伊·拉卡托斯和艾·马斯格雷夫编：《批判与知识的增长》，华夏出版社1987年版，第24页、第25页。

的问题我们竟然一无所知。还需要进行大量周到的经验性研究。”① 库恩在列举了一大堆的难解之题以后做出结论：“除非我们能回答更多的像这样一类的问题，我们才能完全弄懂科学进步是什么，因而才能满怀希望地解释清楚科学进步。”②

库恩本来是试图通过他的著名的关于科学革命的理论来说明某种科学进步的普遍模式，但恰恰在说明科学“进步”这个问题上，成了他的理论的不可克服的困难。

## 二、进步与目标

看来，库恩的理论陷入这种困境，其最严重的一个失足之处是他未能处理好“进步”与“目标”的关系。

在《科学革命的结构》一书中，库恩根据科学的历史和相当深入的认识论分析，十分正确地要求人们抛弃追求“与世界本体符合的真理”这种科学目标观；这种目标观，也就是劳丹所同样予以拒斥的、并把它称之为“认识论的形而上学”的那种目标观。库恩指出，虽然“我们全都深深地习惯于把科学看成是一种不断地接近于自然界预先安排的某些目的的事业”③，“但是需要有这样的目的吗？”④ 他的结论是：“为了更加精确，我们也许必须放弃这种明确的或含蓄的观念，规范的改变使科学家和向他们学习的那些人越来越接近真理”⑤。

但是，库恩的失误之处，是在他否定其所说的“理论的本体论与它在自然界中的‘实在’对应物一致”意义上“幻觉式”的目标观的同时，否定了任何意义上的与“进步”相联系的科学“目标”概念，包括可以有客观过程潜在地所趋向的目标。但是一旦离开了“目标”概念，也就不可能谈论“进步”；因为“进步”总是一个与“目标”相联系的概念。进步或进化只可以被理解为向着目标的前进或接近，布朗运动是谈不上什

---

① 库恩：《是发现的逻辑还是研究的心理学》，见伊·拉卡托斯和艾·马斯格雷夫编：《批判与知识的增长》，华夏出版社 1987 年版，第 24 页、第 25 页。

② 库恩：《是发现的逻辑还是研究的心理学》，见载伊·拉卡托斯和艾·马斯格雷夫编：《批判与知识的增长》，华夏出版社 1987 年版，第 26 页。

③ 库恩：《科学革命的结构》，上海科学技术出版社 1980 年版，第 142 页。

④ 库恩：《科学革命的结构》，上海科学技术出版社 1980 年版，第 141 页。

⑤ 库恩：《科学革命的结构》，上海科学技术出版社 1980 年版，第 142 页。

么进步的。如果科学竟然也是一种像布朗运动那样的毫无目标的活动，那么当然也就无法谈论它的进步。所以，在库恩那里，尽管他总想承认科学有进步，但是由于他拒绝从与目标预设相联系的意义上谈论“进步”，所以在他的论述中，“进步”概念从来是模糊不清的。

我们曾经指出，从显含的意义上，目标是一个与主观愿望相联系的概念；“目标”，意味着我们心目中所追求着的东西或所希望达到的某种状态。但是，“目标”也往往被转义为某种客观性的概念，它指某种客观过程所趋向的或指向的状态[①]。所以，这种拓展后的目标概念，既可以是人的主观愿望、欲望、需要、目的，也可以是某种客观过程所趋向或指向的状态，甚至是对某种本身并无意识的过程人们所赋予的某种“目标”。[②]

库恩不能理解从后一种意义上所理解的目标。他认为必须抛弃目标观念来谈论进步或进化。他举例说，达尔文创建达尔文主义的最大困难，也正好是他的最大功绩，正是在于不再谈论目标而建立了以自然选择机制为杠杆的生物进化理论。他说：“达尔文主义以前的所有著名的进化论者——拉马克、钱伯斯、斯宾塞和德国的自然哲学——已经认为进化是一个有目的的过程。人和动物群的‘思想’被认为是从生命最初创造时起也许在上帝的心里就已经有了。那种思想或计划为整个进化过程提供了方向和指导力量。进化发展的每一个新阶段是一开始就已经有了的一种计划的比较完善的实现。”[③] 而达尔文主义的最伟大的意义正是在于它抛弃了这种目的论。“对于许多人来说，废除这种神学的进化是最重要的，至少是合乎达尔文的建议的趣味的。《物种起源》不承认有上帝或者自然界安排的目的。”[④] 但是，库恩显然混淆了我们前面所说的两种意义下的“目标”（“目的”概念当然只适用于第一种意义下的“目标”）。因为如果承认我们所说的第二种意义下的目标，那么我们显然就仍然能够在与“目标”相联系的意义上谈论生物的进化，而不必与神学目的论相联系，而且由此就可以赋予“进化”一词以清晰而合理的含义；我们可以把相关的“目标”理解为生物在其自然演化的客观过程中趋向于系统的有序化

---

① 林定夷：《科学的进步与科学目标》，浙江人民出版社1990年版，第9页。

② 参见林定夷《科学的进步与科学目标》，浙江人民出版社1990年版，第225页。

③ 库恩：《科学革命的结构》，上海科学技术出版社1980年版，第142～143页。

④ 库恩：《科学革命的结构》，上海科学技术出版社1980年版，第143页。

和组织程度愈来愈高的状态。因而，生物的“进化”就可以被理解为向着这个“目标”，即系统的有序化和组织程度愈来愈高的状态发展或前进，而相反的过程则可被称作“退化”。这样的“进化”概念是清晰的和合理的。而且从物理意义上，我们还可以把“进化”视作一个熵减的过程，而“退化”则是一个熵增的过程。

同样理由：我们可以把科学的发展看作是一个有目标的过程。我们曾经构建了一个“科学进步的三要素目标模型”，指出科学的总目标应是如下三项的合取：

（1）科学理论与经验实事的匹配，包括理论在解释和预言两个方面与经验实事的匹配，而这种匹配又包括了质和量两个方面的要求。

（2）科学理论的统一性和逻辑简单性的要求。

（3）科学在总体上的实用性。

当然，我们所提出的这个“科学进步的三要素目标模型”，也仅仅是一个经验假说，它的合理性应受到全部科学史以及当代的和未来的科学发展的实况的批判性的检验和辩护；原则上，它的合理性还应能受到作为一门科学的“进化认识论”的批判性的反驳或辩护。我们已经在本丛书第三分册第三章中，对这一模型的合理性，做出过较详细的辩护。如果这一目标模型是合理的，那么，所谓科学的“进步”就可以视作科学向着这些目标的前进或接近；反之，如果在科学发展的某一阶段上，科学的状态竟然是在这些目标要求的意义上倒退了（这是可能的），则应视作是科学的暂时的“退步”或“退化”。当然，由于这三项目标是相互制约的，科学的实际发展状态也是复杂的，因而当实际评价某种科学变革是“进步”还是“退步”，特别是当具体地评价某种科学理论之演替究竟是“进步”还是“退步”时，则应当从三项目标要求的意义上，做出综合的处理才有可能做出合理的评价。关于以上内容，请读者再关注本丛书第三分册第三章的有关论述。

## 三、“目标”提供“筛”

根据我们所提出的“科学进步的三要素目标模型”和相关的理论，它就应能提示某种合理的科学方法论。因为科学的方法无非是实现科学目标的手段；科学方法的合理性就在于它是否有利于实现科学的目标。我们在本节的标题中所说的“筛”，只是一个借喻，它的实际意义就是指科学方法论，特别是指关于科学理论之优劣的评价标准或评价模式。

我们曾经指出，尽管科学的方法无非是实现科学目标的手段，科学方法的合理性就在于它有利于科学向着它的目标前进或接近。但有利于科学向着它的那些目标前进或接近的手段可以是各种各样的。因此，从根本上说，评价科学进步的合理性标准不应是一种或一组方法论，而是一组与目标相关的价值。但是，由于科学目标与科学方法之间存在着虽然错综复杂但却又相当紧密的关系，因此我们又曾指出：尽管评价科学进步的合理性的标准最终应是一组与科学目标相关的价值，但对于科学理论的评价与选择，并非完全不能找到一组相应的方法论准则。我们根据“科学进步的三要素目标模型”而指出，就总体而言，科学理论应当向着愈来愈协调、一致和融贯地解释和预言愈来愈广泛的经验事实的方向发展，由是，就提出了评价和选择理论的相应的一组方法论准则。

在我们看来，“筛”的主要内容就是要为科学家或科学共同体成员在选择或评价科学理论时提供出某种择优的标准，而这种择优的合理性的标准则是受到科学目标的严格制约的；即通过“筛”的作用应能帮助一定时代的科学家从多种相互竞争的理论中选择出其中较优的或最优的理论，而且“筛”能作为评价标准驱使科学家去创造出比现有理论更优的理论，从而推动科学的进步。而所谓“科学的进步”，正如我们所已经指出，无非是意味着向着科学之目标的前进或接近。

根据我们所提供的“科学进步的三要素目标模型”，并且把“筛”的主要内容理解为科学理论择优的评价标准，那么，我们这里所说的“筛”应可被扼要地表述为：在相互竞争的诸种理论（或假说，我们在这里暂不区分“理论”和“假说”这两个词[①]）中，理论之可接受性标准或择优的标准应是：理论应具有高度的可证伪性、高度的似真性和尽可能大的逻辑简单性。这种评价或选择理论的“三性标准”，是与我们前述的关于科学目标的理解密切相关的。可证伪性标准涉及科学理论的可检验性要求（“匹配”已意味着“检验”）和理论的统一性要求，它是从科学目标的这些要求中导出的；似真性标准涉及科学理论与经验实事的匹配，同时也

---

① 关于“理论”和“假说”这两个词的含义的区别，请参见本丛书第二分册第三章。扼要地说来，假说是一个更广泛的概念，理论原则上是一种特殊的假说；理论应具备演绎陈述的等级系统的特点，至少也应当满足该章所指出的四点最低要求。

涉及科学理论的统一性；逻辑简单性标准涉及思维经济原则或科学的美学要求，它不应像波普尔所认为的那样可简单地归结为是从科学的可证伪性要求中派生出来的，它本身就是科学目标的一种直接体现。而三性的每一方面又都涉及科学在总体上的实用性。

## 四、"筛"的结构

上文已经指出，"筛"主要由"三性"要素所组成。但这"三性"要素的具体内容和它们的细部结构又如何呢？关于评价科学理论之优劣的"三性"要素，我们已经在本书第三章中对它们做过详细的讨论。在这里，为了论述的方便，我们不妨再作如下简要的提示：

第一，"可证伪性"。把"可证伪性"作为评价或选择科学理论之标准，是波普尔最先提出并已做出论证的。波普尔首先认为，科学理论都是一些严格意义上的全称陈述。这种全称陈述涉及无限的潜在的检验对象，因而它是只可证伪而不可证实的；对于一个全称陈述，无论它有多少有限数目的观察证据（而科学中的观察证据的数目总是有限的）的支持，它的成真度始终为零。由此，他反对逻辑实证论的"可证实性"标准，而把经验上的"可证伪性"作为划分科学与非科学的界限。进一步，他又把科学理论的可证伪度的高低（如果它还尚未被证伪）作为科学理论之择优的标准。波普尔的所谓"可证伪性"，是指一个假说或理论，它能够被逻辑上可能的一个或一组公共观察陈述（他称之为"基础陈述"）所证伪，而不是指它实际上被证伪。

按照波普尔的意见，一个理论要具有信息内容，它就必须是可证伪的；而那些不可证伪的理论或陈述，由于它们不排除任何可能性，因而不管自然界的过程如何发生，事件是阴性的还是阳性的，都不可能与它发生冲突。因此，它们实际上是不受任何经验检验的；然而也正是因为如此，它们不曾向我们提供自然界的任何信息。而科学中的理论或者定律，应当而且必须告诉我们自然界的事物将会如何运作的信息，因此，它必须排除许多逻辑上固然是可能的，但实际上将不会发生的运作方式，从而向我们指出事件将只能如何如何地发生。

波普尔认为，一个科学理论或陈述，必须具有这种"可证伪性"，而又尚未被证伪，才是科学上可接受的。因为一个理论一旦被证伪，它就应当被摈弃。进而言之，他又认为，愈可证伪的理论（如果它尚未被证伪)，就是愈好的理论 。因为愈可证伪的理论，它所包含的信息量愈大。用波普尔自己的话来说，就是“所禁愈多，所述愈多”。因为一个理论断言得愈多，就意味着它所排除的逻辑上可能的运作方式或事件发生的方式就愈多，因而自然界实际上不依这个理论所规定的方式运作的潜在机会也愈多，因此它愈可证伪。反过来，一个理论愈可证伪，就意味着它所排除的逻辑上可能的运作方式或事件发生的方式就愈多。然而，如果一个高度可证伪的理论竟然耐受检验而尚未被证伪，迄今为止所观察到的有关实事都与这个理论相一致，那就意味着这个理论包含有巨大的自然信息量。

从波普尔的这个评价理论之优劣的可证伪性标准中，还可以得出许多值得注意的结论：

（1）理论的覆盖范围愈广，它就愈可证伪，因而就愈好。

（2）愈精确的理论是愈可证伪的理论，因而是愈好的理论。

（3）理论应当阐述得明确而清晰，要排除那种含混不清的遁词和模棱两可的机会主义伎俩。

（4）根据这种可证伪性标准，波普尔突出强调了理论的新颖预见和判决性实验的意义，等等。

按照波普尔意义下的评价理论之优劣的这个原则，科学的增长、理论的进步，就应当向着愈来愈可证伪的方向发展，因为只有如此，它才提供愈来愈多的内容和愈来愈丰富的信息。

我们看到，从波普尔的这种简单证伪主义理论下所提出的关于科学理论之优劣的评价标准是有启发性的。但是我们同时也必须指出：这个标准是非常有局限性的，并且实际上是很难应用的。因为它只讨论了尚未被证伪的理论如何评价优劣的问题，强调了理论一旦被证伪就应当无情地予以摈弃。但科学中的实际情况绝不是这样简单的。正如库恩已经指出的，在科学中，能真正地在逻辑上起证伪作用的“逆事例”是不存在的。拉卡托斯通过他的“科学研究纲领方法论”，也指出了在科学中依据有限的检验证据（科学中的检验证据总是有限的）证实或证伪一种理论都是不可能的。我们曾经建构了科学理论的检验结构与检验逻辑，更清晰地得出了同样合理的结论而又避免了拉卡托斯的误区（见本丛书第二分册第五章）。既然波普尔意义下的那种“证伪”是不可能的，那么像他所说的那样，当一个理论一旦遇到反例就应当予以摈弃的见解，也是不可取的。科学中实际发生的情况也决不如此。但如果按照我们所提出的关于科学理论检验的某种普适性结构，把导出检验蕴涵时所引入的各种辅助性假说以及涉及确定初始条件和边界条件的辅助性假说，以及在获得经验证据时在其背后起作用的各种观察性理论（包括相信仪器所提供的信息时，其背后所依据的理论）都包括在理论这个概念内，那么理论的可证伪性标准却是仍然必须坚持的。因为在这种意义上也不可证伪的理论归根结底将不提供任何信息。并且，在这种意义下的理论的可证伪程度愈高，仍将意味着它所包含的内容愈丰富，它所提供的信息量愈大。

所以，理论的“可证伪性”程度，仍然应当成为评价理论之优劣的一个重要尺度，可以用它来标示一个理论的相对信息丰度。当然，我们不能同意波普尔的如下见解：一个理论一旦被证伪，就应当予以摈弃。因为任何一个受检理论，总可以把“反例”所构成的“危机”转嫁给在检验结构中所包含的理论复合体中的其余部分；通过修改复合体中其余假说的方式，使受检理论得到维护，使最初骤然看来是对它构成了“反例”的那些检验证据转而成为对它的支持证据。正是从这个意义上，“反例”总是有可能被消化的。

第二，似真性。理论的似真性（plausibility）或似真度（degree of plausibility）不能在归纳主义的意义上去理解，正如我们通过科学理论的检验结构与检验逻辑的讨论所已经明白，理论所设想的关于现象背后起作用的不可观察的基本实体和过程的假定，归根结底只是一些猜测，即使从心理上认为可能猜中也罢，但从逻辑上说，由于我们只能从由它所导出的检验蕴涵去对它进行检验，因而即使它的所有检验蕴涵迄今为止都被证实为真，我们也始终没有逻辑上的理由可以证明这些关于基本实体和过程的假定是真的。从科学理论的检验结构与检验逻辑的分析中，我们不难明白：从理论所假定的基本实体和过程是否与自然界本体符合的意义上，我们是不能谈论一个理论是否被证实的；但是，就一个理论能够解释广泛的经验实事并能预见新现象来说，我们却能够说一个理论所假定的基本实体和过程的机制是似真的。

由于对应于同一组经验实事，可以建立起多种理论与之相适应，所以科学中可能出现这样的情况：存在着相互竞争的多种理论，就它们所假定的基本实体和过程而言，它们是很不相同甚至是相互对立的，但在解释和预言现象上却可能具有几乎不相上下的似真性，并且它们的似真性可以通过修正辅助假说而继续得到提高。

由此可见，当我们说到一个假说或理论是“似真的”，它的意思仅仅是说一个理论看起来像是真的，或者看起来像是有理的，而完全不涉及这个理论所假定的基本实体和过程是否与世界本体（现象背后的隐蔽客体）相符合或逼近。似真性尽管也可能表示为某种或高或低的概率，但这个概率不表示理论关于所假定的基本实体和过程与自然界隐蔽客体相一致意义上的真或近似的真，它仅仅表示由这些基本假定所导出的结论（解释和预言）与观察实事或观察陈述相一致或一致的程度。我们只能在理论与观察经验以及背景理论相一致的意义上谈论一个科学理论的似真性，遵循爱因斯坦的思路，我们甚至还能够在这种意义上谈论一种科学理论是“真理”、“相对真理”或“客观真理”，但我们坚持认为（因为逻辑告诉我们），我们不能在形而上学实在论的真理符合论的意义下谈论真理、相对真理或“客观真理”。因为关于后者，我们无法知道（关于这一点，我们与库恩、劳丹的见解是相当一致的）。因此，在我们所说的意义下，一个有高度似真性的理论可能仍然是假的。对于科学理论（确切地说是理论的复合体），我们充其量可依据否定后件的假言推理判定其为假，但不可能通过对一个蕴涵式的后件的肯定而肯定其前件为真或为真的概率。这在逻辑上是十分明白的。

作为“筛”的一个结构要素的“似真性”的细部结构，我们已经在本书第三章“科学理论之评价”的第三节“我们的见解”中作过详细的分析，指出影响一个理论的似真性的基本要素有六点：①证据的量；②证据在假说的解释域中的分布；③证据的质；④假说的新颖预见被确证，对于提高假说的似真性有重大的作用；⑤反例的出现将影响或降低一个假说（或理论）的似真度，从而影响一个假说的可接受性；⑥科学中的其他理论特别是基础理论对该假说的支持与否及其程度。

第三，科学理论的统一性和逻辑简单性。关于科学理论的统一性和逻辑简单性的内容及其理解，我们也在本书第三章第三节中曾经做出了详细的分析。在那里，我们还曾强调地指出，对科学理论的这一要求，部分地是美学上的。关于它们的详细内容，我们在这里就不再重复。

作为“筛”的基本组成部分的这三要素：“可证伪性”、“似真性”与“科学理论的统一性和逻辑简单性”是相互关联，缺一不可的。因此，当我们在相互竞争的理论中评价和选择理论时，必须选择具有高度可证伪性、高度似真性并且具有尽可能大的统一性和逻辑简单性的理论。因为只有最好地满足这“三性”要求的理论，才会是最佳的理论。正如我们所曾经概括，根据这三性要求，科学中一个好的理论，应当“出于简单而归于深奥”。这里的所谓“简单”，是指理论的逻辑简单性，即理论中作为逻辑出发点的初始命题数量要少；这里所谓的“深奥”，是指理论的高度可证伪性和高度似真性，即一个高度可证伪（因而是内容丰富、信息量大）的理论耐受严峻的检验，它的解释和预言能与广泛的经验证据精确地符合。显然，我们这里所提出的评价科学理论的三性标准，是能够与科学中实际情况相符合的。

## 五、在危机和革命中“筛”如何起作用，科学由于革命而进步

前面我们讨论了“筛”的内容和结构，这个内容和结构的核心实际上就是科学理论的评价标准。我们并且指出，“筛”的基本功能就是在多种理论相互竞争的过程中起到“择优”的作用，并且由于“筛”提供了“择优的标准”，因而就能指导或推动科学家创造出某种比现有的竞争理论更优的理论。因此，在原则上，在整个科学发展的过程中，“筛”都是起作用的。但是，正好是在科学“危机”或“革命”的特殊阶段上，“筛”能起到某种特别明显和特别巨大的作用。而且，相比之下，由于在“常规科学”时期，规范相对稳定，科学家遵循各自所信奉的规范进行研究；特别是当其中某一种规范已获得科学界所普遍公认或已居于统治地位的条件下，规范间的竞争不但不激烈，甚至被淹没。所以在那时，科学界中的主体或至少是其中的大部分成员，可能不太关注或自觉认识到“筛”的作用，甚至把关于“筛”的研究看作是完全与己无关的哲学家们的事情；并且其中的相当部分的成员甚至还会认为，科学哲学家们关于科学哲学的研究成果，对他们自己所要从事的自然科学研究来说，也是完全无关紧要的，至多不过是有些人出于兴趣或其他原因，把它挂在嘴上说说而已。

这方面，英国著名的动物病理学家贝弗里奇的如下这段话是具有代表性的，他曾经告诫青年说：学习科学史对于理解和掌握科学方法有启发作用，“并能扩大视野，更全面地认识科学”，但与此同时，他却十分贬低或藐视科学哲学或关于科学方法的逻辑学的作用。他告诫青年说：除此以外，“还有浩瀚的文献论述科学的哲学观和科学方法的逻辑学，人们是否要进行这方面的研究取决于个人的爱好，但是一般说来，这种学习对从事

科学研究帮助不大”[①]。美国的古德斯坦因的一段话对于常规科学家来说更具典型性，他说：“科学家们肯定是不需要它（指科学哲学或科学方法论）的。当他们进入实验室时，无须任何人指教他们干什么，他们可能口头上提一下培根甚至波普尔，但他们并不真正重视他们，因为他们确知自己要干什么。”

但是，在科学“危机”和“革命”时期里，科学家们却可能一反他们在常规科学时期里通常会持有的那种心态，由于被某种特殊条件所驱使，这时，科学家们往往能比以往任何时候，都更加自觉地关注到“筛”的作用，努力对“筛”的内容和结构做出他们自己的理解和探索，以指导他们的科学研究。

具体说来，在科学“危机”时期里，由于某种在本章第五节中所已经指出的特殊机制的作用，从而出现了如下明显的特点：①由于科学共同体对旧规范的信心动摇，各种不同于旧规范的新假说如雨后春笋般地大量涌现，“竞争者”严重地威胁到了旧规范的统治地位；②作为一种保护和对危机的反抗，旧规范通过变形也不断地产生出许多新的变种；③新实事的发现大量地涌现。这些特点相互作用，结果是，一方面，各种假说和理论之间的竞争空前地激烈，不但各种新假说与旧规范的新变种之间相互竞争、相互批判，而且在各种新假说之间由于它们所依托的基本假定不一致，也相互作激烈的竞争和批判，甚至在旧规范的各种新变种之间，也将由于他们所引进的新假定和变形方式不一致，而相互间作激烈的批判和竞争。于是，在科学危机时期里，就会出现多种多样的相互竞争的假说或理论“百花齐放”，争奇斗艳，而且相互批判，出现真正意义上的“百家争鸣”的局面。只有当某些人对这种“百家争鸣”的局面作某种综合述评的时候，才可能按某种标志而把他们划分为若干基本学派，但实际上却是“派内有派”，派内并不一致。另一方面，那些新假说和旧规范的新变种，正好是由于它们的“新”而常常表现得不够精致，甚至粗糙。然而新实事却又在同一时期里大量地涌现，使这些新假说和新变种时时面临着不断

---

① 贝弗里奇：《科学研究的艺术》，科学出版社1979年版，第8页。但后来，贝弗里奇实际上改变了它的上述见解。他在为《国际百科全书》第16卷撰写《科学方法》条目时，几乎完全是按照波普尔、拉卡托斯和汉森等著名科学哲学家的见解来阐述科学方法的内容，并且只是列举了科学哲学家们的著作作为该条目的参考书。

地冒出来的新实事的考验和威胁。这些新假说或新变种由于它们还不够精致甚至粗糙，因而它们往往或者经不起大量涌现的新实事作为“反例”（或反常）所造成的冲击，或者经不起竞争对手的严厉的挑剔和批判（这种批判也常常会结合着“反例”而进行）。因此，这些新假说或新变种往往由于过于稚嫩或衰老而缺乏生命力。许多新假说可能还尚未站稳脚跟就被迫放弃，或者被科学共同体所不予理睬，或者至少也要被迫做出修正或更新，而那些旧规范的新变种也会因为同样的理由而遭受同样的命运，以至于也要不断地花样翻新，变换形式。因此，在科学危机时期里，不但会出现各种竞争假说林立，众说纷纭的局面，而且还会出现各种假说频繁地连续更替，甚至层出不穷、使人眼花缭乱的特殊局面。

面对以上情况，科学界的心态常常会发生一种特殊的变化。一方面，许多科学家，特别是那些曾经坚信旧规范已“揭示”了自然界之真理的科学家，面对着旧规范的危机，新旧假说纷然杂陈，众说纷纭，却又没有一种可取的、替代者的局面，就会产生“莫衷一是”、“无所适从”的紊乱心理。如在 19 ～ 20 世纪之交的危机时期里，洛伦兹所曾经发出的感叹：“今天，人们提出了与昨天所说的截然相反的主张，这样一来，已经没有真理的标准了，也不知道科学是什么了。我真后悔我未能在这些矛盾出现以前五年死去。”泡利直到 20 世纪 20 年代当这场危机尚未结束之时也发出过感叹：“在这时刻，物理学又混乱得可怕。无论如何，它对我来说是太困难了。我希望，我曾是一个电影喜剧演员，或者某种类似的东西，而且从来没有听到过物理学。”这些都是这种心态的典型表现。这时，某些科学家甚至可能因此对自己毕生所追求的“真理”之信念的落空而发生变态心理，其中的严重者甚至萌轻生之念。据说，著名的科学家玻尔兹曼正是因此而于 1906 年自杀身亡的（关于此说，有的科学史家持有异议）。但另一方面，正是在危机时期里，使得科学界的思想空前活跃。特别是由于打破了对科学界中老的权威和旧的规范的迷信，使科学界中的一些勇敢者，特别是某些资历较浅的年轻科学家，摆脱了旧规范所制约的思维定向，思想解放，敢于向科学界的旧权威所代表的旧规范挑战，从他们中产生出一批敢于从崭新的角度上提出新的有竞争力的理论或假说的科学新星。

但是，正好是由于在危机时期里多种多样的新假说和旧规范的新变种纷然杂陈、众说纷纭、相互竞争、连续更替等等特点，使得在科学的危机时期里，关于如何比较或评价假说（或理论）之优劣的问题，即关于“筛”的问题，成了摆在科学家们面前的无法摆脱的尖锐问题。这时，科学家们一反常态，不再对科学方法论问题，特别是对作为方法论之核心的“筛”的问题，漠然置之；相反，他们甚至被迫认为，关于“筛”的思考是他们从事科学研究的必要前提，甚至是首要前提。这时，科学界开始普遍关注于科学方法论，特别是关于“筛”的思考。其中，有些科学家甚至愿意把大量的和主要的精力转向科学方法论的研究，以解决他们所面临的问题；他们针对其所面临的科学中的复杂而混乱的局面，探讨如何比较或评价他们所面对的各种假说或理论之优劣；对于其中的某种或某些即使已被认为是较优的理论，他们也迫切地感到尚须进一步探讨并揭示其中的不足和缺陷，并设想如何改进它们以达到较理想（较佳）的状态。然而，这就意味着，科学危机时期的特征，正迫使科学家面对复杂的局面要做出深思熟虑的思考，以提出用以比较和评价科学理论之优劣的评价准则或评价模式，以及如何去构建更优的理论的其他方法论准则。

所以在科学危机的时期里，往往能产生出一大批既是科学家又是科学哲学家的特殊人物，其中不乏一批思想敏锐的青年新秀。这些科学家的科学思考和哲学思考往往能相得益彰。一方面，他们的科学素养和深邃的科学思考帮助他们做出深邃的哲学探索，使他们在科学哲学或科学方法论研究方面，特别是在关于合理的科学理论结构、检验结构以及科学理论的评价模式等哲学理论的研究方面，做出他们的重大贡献；另一方面，又正是那些深邃的哲学思考和哲学研究，大大有利于他们做出更有成效的科学研究，指导并推动他们提出并建立比其他任何已有的竞争理论更优的理论，在科学发展的历程中竖起他们自己的巨大丰碑。在这些既是科学家又是科学哲学家的特殊人物中，由于他们各自的特点，其中有些人可能作为有贡献的科学家而主要是在哲学上建立起了他们不朽的丰碑；另一些人则可能因他们在哲学上的深邃思考而主要在科学上做出了比他的同时代的科学家们更大的贡献；还有少数杰出人物甚至可能在两个领域中都建起了他们伟大而不朽的丰碑。在 19 世纪末 20 世纪初的那场物理学危机与革命中，像马赫、迪昂、毕尔生和普朗克、卢瑟福可能是分别属于前两类科学家的典型；而普恩凯莱、爱因斯坦则是同时在两个领域中竖起了他们伟大丰碑的最引人注目的典范。

总的说来，在科学危机时期里，科学家们会较普遍地关注于哲学问题的思考和研究。科学家们在科学危机时期里所关注的哲学问题，主要包括两个大的、在他们看来是重要的方面。

第一方面是“形而上学”问题。科学家们为了构建新假说和理论，必须设想现象背后起作用的某种实体和过程，然后通过关于这些实体和过程的假定，再借助于构建适当的桥接原理，来导出可接受经验检验的低层次的规律，并以此来解释和预言现象。为了设想现象背后起作用的某种实体和过程，科学家们往往不得不求助于哲学中已有的种种形而上学学说的启示，或者发明出种种新的形而上学的假定。当他们一旦把那些原来只是形而上学假定的关于现象背后起作用的某种实体和过程的设想，通过构建合适的桥接原理而能够导出可接受经验检验的规律时，那些当初只是形而上学假定的东西，就变成了科学理论中的内在原理，成了科学理论中的重要的基础成分，并且由此而改变了它们当初的形而上学性质，而是具有了真正的经验内容（请参见本丛书第二分册第三章“科学理论的特点与结构”一节）。

在科学危机时期里，由于科学家们普遍关注于提出崭新的假说或理论，因而在这种条件下，科学家们普遍地关注于思考形而上学问题，就毫不奇怪了。形而上学理论对于科学家们构建新的科学假说或理论，往往能起到明显的启示和提示的作用。我们这样说，与本丛书第一分册中所说的科学与形而上学划界的准则并无矛盾。科学家们思考形而上学，并不是只想让它停留在形而上学的水平上，他们的目的只是试图通过它而构建科学理论结构中的“内在原理”，并通过构建桥接原理而使它具有经验内容。如果一个科学家不作这样的努力，而仅仅只是停留在形而上学思考的水平上，那么，我们就很难说这位科学家是在作科学的思考了。毋宁说这位科学家仅仅是在作某种形而上学的思考和“研究”。正如我们不能禁止一位哲学家作数学的或科学的研究一样，我们也不可能禁止一位科学家作哲学的或形而上学的思考和“研究”。但这两种思考和研究的界限总还是应当而且有可能区分清楚的。

第二方面是关于科学方法论问题，特别是其中关于“筛”的内容和结构问题的思考。这是在科学危机时期里，科学家们所关注和思考哲学问题的一个更为重要的方面。

科学家们关于科学方法论的思考和关于形而上学的思考，虽然都属于哲学的思考，但这两种思考的对象和性质却是原则上不同的。形而上学的对象和科学的对象是一样的，它们都是试图回答："世界是怎样的?"即都是试图对现实世界做出陈述。只是由于形而上学在理论结构和语句结构上的特点，使它们实际上只是做出了假陈述，并未包含经验内容，而科学则是做出了包含经验内容的可接受经验检验的陈述。与形而上学不同，科学方法论并不试图回答"世界是怎样的"这类问题，即它并不以世界为研究对象；相反，它是以科学为对象，具体说来，它是以科学研究活动中的程序和这些程序中所涉及的逻辑和认识论问题作为自己的研究对象的。因此，在原则上，它是试图回答"在科学活动中，应当怎样思考"。因此，它所研究的主要内容是诸如："科学理论的检验结构与检验逻辑"、"科学理论的特点与结构"、"科学解释的特点与结构"、"科学理论的评价准则与评价模式"、"科学理论的还原结构与还原逻辑"等等一类问题。这类问题的研究虽不能说与形而上学无关（正如不能说科学与形而上学无关一样），但两者在原则上却是不同的。

一般说来，科学家们关于形而上学的思考就科学方面而言往往是"短命"的。它或者随着科学假说的死亡而死亡，或者随着科学假说的失败而夭折，或者随着科学假说（或理论）的成功而消失于科学理论的结构之中。当然，我们这里说它"短命"，是仅仅就"科学方面"而言的。至于那种脱离科学创造活动，仅仅在形而上学家圈子里谈论或"探讨"的纯形而上学，则由于它们实际上不会与任何经验相冲突，因而也不接受任何经验的检验，却是可以获得"长寿"以至于"万岁"的（相比之下，科学理论由于要面对实验观察实事的严峻检验和"筛"的选择，却往往要短命得多）。诚然，这种形而上学也不会永远与科学无关，当科学家们为了构建新的科学假说或理论时，仍然可能来"寻访"它们，试图从其中的某一种学说或甚至仅仅是从其中的只言片语中获得启示，恰如同一位艺术家试图从一片乱石堆或树根堆中想找到一块能使他们合意的或可雕琢的小石块或树根一样。小石块或树根只有经过艺术家的雕琢加工才能成为艺术品——石雕或根雕。同样，某种形而上学的思考或只言片语，也只有经过科学家的加工变形，才能成为科学理论的成分，并被熔铸于科学理论的结构之中。

与形而上学不同，科学方法论在科学家手中并不是作为"思想原料"使用的，而是作为研究中的"思想工具"使用的，因而它是在科学研究中须臾不能离开的，而不管科学家们实际上是否自觉到这一点。在常规科学时期里，科学家们实际上可以不理睬形而上学，但却不可能不使用“思想工具”（附带说一句，我国本土以往培养的科学家，常常难于做出具有重大创新性的研究工作，除了制度、传统因素以外，也与哲学的贫困和贫困的哲学的影响有莫大的关系。因为他们接触不到好的“思想工具”和由这些思想工具所造就的思想氛围）。由于“工具”有好坏之分，所以即使在常规科学时期里，科学家们实际上也常常十分关心方法论问题，甚至亲自研究方法论问题。但是，确实，往往只有在科学危机和革命的特殊时期里，科学家们才会普遍地和特别引人注目地关注于形而上学和科学方法论的思考和研究。

回过头来，我们再来集中探讨作为科学方法论之核心的“筛”在科学危机和革命时期里，起到哪些主要的作用以及怎样起作用。

概括地说来，在科学危机和革命的时期里，“筛”的主要作用将在如下几个方面表现得特别明显：

(1)“筛”的筛选作用（即“科学革命机制示意图”中所指的“滤波器”作用）。它使得只有少数较优的新假说（新理论）才能通过“筛”的选择而获得旧规范的“竞争者”的地位。

在科学危机时期里，尽管各种不同于旧规范的新假说将如雨后春笋般地大量涌现，但在“筛”所提供的评价标准的衡量之下，其中大量的新假说将被认为不合格而不能通过“筛”，从而不会引起科学共同体的广泛关注，或迅速地被淘汰。而那些少数的（甚至个别的）能通过“筛”的滤过（选择）作用的较优的新假说，一旦获得通过，则由于“筛”的倍增效应，使这些新假说在科学共同体成员中获得广泛的评论、宣传甚至赞扬（其尤甚者，甚至会获得新闻媒介的评论、宣传和赞扬），其结果是大量的新假说迅速地被淹没或被弃置一旁，而少数获得“竞争者”地位的较优的新假说，由于“筛”的倍增效应（即“科学革命示意图”中的“倍增管”效应）而在科学共同体（甚至社会）中获得引人注目的重视和关注。在危机时期里，旧规范的各种各样的新变种也将经受同样的命运，其结果同样是只有少数较优的新变种才能受到科学共同体的广泛关注或重视，而大量的新变种则可能迅速被淘汰。

在科学危机时期里，“筛”的这种滤波和倍增效应的总结果，是使得只有少数的（甚至个别的）较优的新假说（新理论）和少数的（甚至个别的）旧规范的新变种能获得科学共同体的广泛的关注和重视，把科学共同体中的主体部分吸引到这些少数相互竞争的假说和理论之下，从事较专注的、深奥的、精细的研究，使它们进一步获得改进并日益精致起来，避免了科学共同体成员完全分散注意力并分散了研究的力量。这将大大有利于科学的进步。

（2）在科学危机时期里，学派林立，百家争鸣，相互批判。这时，“筛”将成为科学家手中的主要的批判武器。

在科学危机时期里，不同学派之间的对立和批判，虽然也常常诉诸科学家自身的某种形而上学信念作为依据。例如，在19世纪初，当盖·吕萨克公布了他所发现的气体容积定律以后，曾引起了一场涉及刚刚诞生的化学原子论的轩然大波，道尔顿愤怒地指责盖·吕萨克：“汝等焉能分割原子?!”当20世纪初，卢瑟福和索第提出了原子嬗变理论时，凯尔文再次依据原子不可破的形而上学信念，愤怒地谴责嬗变理论违背了“原子不可破”的思想。

回顾历史，在科学危机时期里学派间的争论中，这种依据某种形而上学信念相互进行批判的事例是很多的，甚至可以说是层出不穷的。但是，在这种学派间的批判和争论中，科学家所借助的真正有效的批判武器并能最终发挥影响力的，则是“筛”的力量。

实际上，在学派间的争论和竞争中，科学界也正是主要依据于“筛”所提供的标准，即比较不同的假说或理论是否满足较高度的可证伪性、似真性以及尽可能大的逻辑简单性的标准，来对它们进行评价或批判的。在19世纪初的那场关于化学原子论的争论中，后来终于通过阿佛伽德罗提出分子假说，使化学原子论既消化了气体容积定律对它的反常，又能比别的假说更好地满足了“筛”的要求而使“原子不可破”的思想得到了维护，而在20世纪初的那场争论中，则由于嬗变理论表明它能更好地满足“筛”的要求而终于战胜了“原子不可破”的思想。正如历史所表明的，科学中真正有效的批判，乃是根据于“筛”所提供的标准所做的批判。

历史上，哥白尼对于托勒密体系的批判，伽利略对于亚里士多德动力学的批判，拉瓦锡对于燃素说的批判，其中真正有效的并最终帮助新规范战胜旧规范的那些有价值的批判，都是根据于“筛”所进行的批判，而那些仅仅依据于形而上学所做的批判，则在事后往往被历史所扬弃而失去其科学价值。历史还表明，科学愈成熟，“筛”在学派间的批判与竞争中的作用就愈明显。在19世纪末20世纪初的物理学危机中，学派间的批判与争论，比以往的任何时候都明显地表现出“筛”所提供的标准作为批判和评价的准绳的特征；马赫、普恩凯莱、毕尔生、迪昂等人都是根据“筛”作为准绳来对旧规范进行批判的，而且甘愿花费大量的心血对“筛”的内容和结构进行研究。普恩凯莱甚至还从“筛”的角度上，对已取得“竞争者”资格，甚至已在一定程度上取得了旧规范的“取代者”资格的洛伦兹的“电子论”进行了批判，实际上指出了它在满足“三性”要素方面的种种不足。这种批判，不但大大有利于用新规范战胜旧规范，也大大有利于新规范的进一步完善、优化和进步。

在科学危机时期里的学派竞争中，甚至旧规范的拥护者从“筛”的角度上对作为“竞争者”的新假说的种种指责、挑剔、批判以至于抵制，也将大大有利于科学的进步；正因为他们是从“筛”的角度上提出指责、挑剔和批判，这就意味着他们是从“三性”的要求上指出了新理论或新假说在这些方面存在着缺陷和不足，这将不但有助于科学共同体避免过早地接受某种不成熟的假说，而且将有助于迫使新理论或新假说的拥护者去解决各种难题，从而推进这些尚属稚嫩或粗糙的新理论或新假说进一步精致化和优化。因此，在科学危机和革命期间，无论是科学中的“新派”或“旧派”，只要是从“筛”的角度上对新旧假说提出的批判，一般都能有助于科学的进步。

（3）“筛”能指导并进一步推动科学家去创造出比现有的各种竞争理论更优的理论。

一方面，由于在危机时期里，科学共同体内的思想空前活跃和解放，勇于创新；另一方面，虽然在“筛”的严格过滤之下，只有少数较优的新假说或新理论能获得对于旧规范之合格“竞争者”的地位，但同时，在学派林立、百家争鸣的气氛之下，即使那些被认为较优的“竞争者”也不能避免科学共同体其他成员从“筛”的角度上对它们提出种种实质性的指责、挑剔和批判，从而暴露出它们自身尚存在的种种实质性的缺陷和弊病。这就可能驱使某些科学新星，在“筛”所提供的准则的指导下，锐意创新，去创造出某种比现有的任何竞争理论更优的理论；甚至在某种新理论已获得了对旧规范的“取代者”的资格，即它已开始获得了科学界的公认之后，还可能接着去创造出某种更优的理论来取代它。

我们在《近代科学中机械论自然观的兴衰》一书中已经分析过，在19世纪末20世纪初的那场物理学危机时期里，至少从1895年至1904年的那段时期里，洛伦兹的理论（电子论）已开始获得了物理学界的高度评价和重视，正在显示或已经显示出它具有了“取代者”资格的地位。但洛伦兹的理论同时也还不但受到旧规范的维护者的批评和指责，而且即使在它的拥护者和支持者那里，也还不断地从“筛”的角度上对它提出了各种各样的批评和指责。这时，青年科学家爱因斯坦却在潜心研究，一边讨论着哲学问题（在他自己戏称的“奥林匹亚科学院”的业余小组里，三四个青年热心地探讨着哲学问题，阅读着从休谟、康德、马赫直至最新的科学哲学著作）；另一方面又深入钻研物理学。按照他已理解得相当好的关于“筛”的要求，立意创新出某种更优的科学理论，终于于1905年发表了划时代的科学论文《论动体电动力学》，创建了狭义相对论，而当时爱因斯坦年仅26岁。以后，他又于1915年创建了广义相对论。爱因斯坦的相对论，从“筛”所提供的“三性”要求上看，无论从哪个角度上，都优于以往的曾经出现过的各种竞争理论，也优于当时对旧规范而言已处于明显优势的洛伦兹理论。爱因斯坦的相对论，如狭义相对论，它仅仅从狭义相对性原理和（真空中）光速不变性原理两条基本原理出发，结合着同时性的相对性等少数观念分析，就导出了具有高度可证伪性又具有高度似真性的理论，也就是满足了爱因斯坦自己所追求的理论应“出于简单而归于深奥”的要求。这样，爱因斯坦理论最终取得了对旧规范而言是真正“取代者”的资格，成为物理学革命以后科学界所共同承认的一种新规范。

（4）“筛”有利于结束危机，并保证科学能由于“革命”而进步。

库恩的理论不能说明科学能够由于革命而进步，从而也不可能真正说明历史地发展着的科学如何进步。根据我们的理论，正是“筛”指导着进步，并且能保证科学由于革命而进步。

由于在科学危机时期里，“百家争鸣”，科学共同体成员比以往任何时候更加自觉地关注于“筛”的作用，运用并磨炼“筛”成为批判的武器，他们不但用“筛”所提供的标准来评价和批判各种相互竞争的假说和理论，而且用“筛”所提供的标准来构建更优的理论。所以，正是在危机时期里，科学能获得比以往更快的甚至是突飞猛进的发展；在危机时期里，不但新实事大量涌现，而且新的更优的竞争理论也能不断涌现，并且利用“筛”而选择出其中的最优者。

在这一点上，我们所做出的结论正好与库恩的理论相反。在库恩看来，“只有在常规科学期间，进步才好像既是明显的又是有保证的”[1]。而在科学危机和革命时期，由于不同规范“不可通约”，而在他的《科学革命的结构》一书中，“不可通约”实际上是“不可比”的意思，因而在他的理论中，实际上就难于谈论科学的进步。而在我们看来，在前科学时期，科学的进步固然很慢，但科学一旦走向成熟，形成规范，科学进步的速度就大大加快了；而在科学危机和革命时期里，由于以上分析的原因，科学正好能够更加突飞猛进地进步。我们的这个结论，无论如何比库恩的理论更加符合科学历史的实际。

原则上，科学危机可能通过两种不同的方式被消除或结束：

（1）某种新理论（旧规范的“竞争者”）当满足了如下两个条件时：①它比旧规范及其所有的新变种更优；②它比其他任何新的竞争假说或理论更优。这时，该种新理论就将取代旧规范，并（逐步）取得科学共同体的公认而居于统治地位。这就是“科学革命”，并通过“革命”的方式，即规范变革的方式而消除了危机。

（2）当旧规范的某种新变种同样满足了上述两个条件时，旧规范就能遏制一场革命的发生，同样消除了旧规范面临的危机。这种方式可以称作原来居于统治地位的旧规范通过“维新”的方式而挽救了旧规范，并结束（或消除了）规范危机。

正是由于“筛”在其中起作用，因而无论通过“革命”的方式或“维新”的方式解决危机，都能导致科学的进步。

由于“科学革命”必须满足新规范比旧规范更优的条件，而在“危机－革命捆绑模式”这种较典型的科学革命类型中，“革命”实际上是一个包含危机过程在内的较长的过程（关于这一点，前面已有过分析），因而科学革命能导致科学的大进步，也就十分自然了。

正如本章中所已经作过的分析，以及作者在别处所作过的分析[2]，尽管科学家评价和选择理论常常包含有某种非理性的因素，如科学家个人所持有的形而上学信念、政府所施行的政策和行政上的干预，以及科学界权威所给予的心理上的影响和其他社会因素的影响等等，但就总体而言，科学共同体选择和接受规范却主要是一种理性的事业。其中，用“筛”去

---

① 库恩：《科学革命的结构》，上海科学技术出版社 1980 年版，第 136 页。

② 参见林定夷《科学的进步与科学目标》，浙江人民出版社 1990 年版。

评价和接受一种理论就是一种理性的过程。库恩过于强调了科学家在评价和接受理论的过程中的非理性的因素，以至于实际上否认了科学共同体在接受和评价理论时可以有任何公共一致的标准。这样，他就无法解释科学共同体是如何达到意见一致的（当然，在科学共同体内部永远只有相对意义上的意见一致），而只是片面地强调“在规范选择中就像在政治革命中一样，没有比有关团体的赞成更高的标准了”[①]。同样，他也片面地强调了被某些人进一步夸张地称作“普朗克原理”的那种观念，即普朗克在他的《科学自传》中所发出过的悲叹表示[②]的普遍性。其实，普朗克的这种叹息只是在科学危机时期里，科学界面临多种理论的竞争，且相持不下，以至于在众说纷纭、莫衷一是这种特殊情况下，在部分科学家中较易产生的一种心态而已，但作为科学家选择和评价理论的原则，它并不具有普遍性；更不用说科学共同体在接受和抛弃一种理论的过程中，总是要通过一个相当长时期的争论、批判、辩护、挑剔以及使竞争理论不断优化、发展和淘汰的过程。在这过程中，“筛”将起主要的作用，并在这过程中使个人所持有的形而上学信仰以及多种非理性因素相互抵消，而愈来愈居于次要地位。而且，即使一时陷于某种苦恼困境中的科学家，一旦发现按“筛”的标准来说是明显较优的理论时，他仍然能迅速而理智地用“筛”的标准来兴高采烈地欢迎并接受这种新的较优的理论。

20世纪20年代青年科学家泡利的心理变化就是一种典型。他曾在给一个友人的信中表述了他内心的苦恼，悲叹当时的物理学混乱得可怕，甚至希望自己不曾听到过物理学。但仅仅过了五个月，当他看到了海森堡的量子力学理论以后，却又情不自禁的欢呼起来：“海森堡型的力学又一次给了我生活中的希望和快乐。当然它并没有提供谜底，但是我相信，它又有可能前进了。”[③] 泡利的这种心态的转变，主要是由于他依据于“筛”所提供的标准而发觉了更优的理论，而不是由于海森堡在构建他的量子力学理论之前所“借取”的形而上学与他原有的信念相合拍；相反，他的形而上学信念却可能由于他接受了量子力学理论而发生转变（虽然量子

---

① 库恩：《科学革命的结构》，上海科学技术出版社1990年版，第78页。

② 普朗克在其《科学自传》中曾经悲伤地叹息：“一种新的科学真理并不是靠使他的反对者信服，并且使他们同情而胜利的，不如说是因为他的反对者终于死了，而在成长中的新一代是熟悉它的。”

③ Palph Kronig：《转折点》。

力学理论作为一种科学理论，已使其中所包含的内在原理已不再具有它当初的形而上学性质了）。实际上，科学家评价和选择理论，特别是科学共同体作为整体来评价和接受理论的总体效应，绝不是如库恩所片面地强调的那样是非理性的；相反，它主要是一种理性的过程。正是这种理性的过程，特别是用“筛”所提供的标准进行评价、批判和选择理论的过程，保证了科学革命能导致科学的进步，并且往往是飞跃的、非累积增长型的进步。

在“科学革命”以后，由于居于统治地位的规范发生了根本变革，所以，倒是确实会出现如库恩所指出过的种种现象，如：一部分跟不上或不愿意接受新规范的科学家，只得转向别的领域或从此消失在科学的舞台上；为培养新一代科学家所使用的科学教科书将必须重新改写——按新规范的要求进行编写；由于规范变革，科学家们将用与以前不同的方式看待他们的研究工作所约定的世界，在一次革命以后，科学家们尽管还是在看着同一个世界，但他们所观察到的世界图景将随规范的变化而一起变化。在这个意义上，正如库恩所说：“在一次革命以后，科学家是在一个不同的世界里工作。”①

总而言之，“筛”——科学理论的评价标准——在科学发展的过程中，是会经常性地起作用的。它不但在科学革命时期起作用，而且在常规科学时期也同样起作用。由于科学技术背景的变化，相应的机制的变化，以及自进入20世纪以来，“筛”的重要性在科学界愈来愈受到重视，在科学理论的评价、选择与创造的过程中，愈来愈被科学界所自觉地运用，可以预期，科学发展的速度将越来越快。即使在常规科学时期，它也将获得愈来愈加速的内在和外在的动力。

---

① 库恩：《科学革命的结构》，上海科学技术出版社1990年版，第111页。